Ag 纳米粒子光学非线性及超快动力学过程研究

蒋吉娟　著

东北大学出版社
·沈　阳·

图书在版编目（CIP）数据

Ag 纳米粒子光学非线性及超快动力学过程研究／蒋吉娟著． -- 沈阳：东北大学出版社，2024.11.
ISBN 978-7-5517-3695-4

Ⅰ．O437；O313

中国国家版本馆 CIP 数据核字第 2024J1P885 号

出 版 者：东北大学出版社
　　　　　　地址：沈阳市和平区文化路三号巷 11 号
　　　　　　邮编：110819
　　　　　　电话：024-83683655（总编室）
　　　　　　　　　024-83687331（营销部）
　　　　　　网址：http://press.neu.edu.cn
印 刷 者：辽宁一诺广告印务有限公司
发 行 者：东北大学出版社
幅面尺寸：170 mm×240 mm
印　　张：10.25
字　　数：184 千字
出版时间：2024 年 11 月第 1 版
印刷时间：2024 年 11 月第 1 次印刷
责任编辑：高艳君
责任校对：潘佳宁
封面设计：潘正一
责任出版：初　茗

ISBN 978-7-5517-3695-4　　　　　　　　　定　价：58.00 元

前　言

　　贵金属纳米粒子独有的表面等离子体共振特性能够使局域电磁场增强。银（Ag）纳米粒子带间跃迁和表面等离子体共振区明显分离使其在强光作用下展现出特殊的非线性光学性质。因此，Ag 纳米粒子在生物医学、生物传感、光电子学、化学催化等领域都有广泛的应用。研究 Ag 纳米粒子的非线性光学性质和超快动力学过程有助于理解光与 Ag 纳米粒子相互作用的物理过程，明确非线性过程发生的内在机制，为 Ag 纳米粒子在相关领域的应用提供理论依据。

　　本书利用 Z-scan 技术和时间分辨泵浦–探测技术研究了 Ag 纳米粒子光学非线性的转化和载流子超快动力学过程，具体研究内容如下。

　　1. 非线性吸收的转化

　　利用开孔 Z-scan 技术分别在 500～625 nm 的非共振波段和 400 nm 的共振波长下研究了 Ag 纳米粒子非线性吸收。研究发现，非线性吸收与激光能量和波长有关，激发能量增加可以导致饱和吸收向反饱和吸收转化，并且波长靠近共振区时，非线性吸收更显著且饱和光强降低。在 532 nm 波长激发下，Ag 纳米粒子的非线性吸收出现了饱和吸收—反饱和吸收—饱和吸收的二次转化，理论分析实验结果得到了单光子饱和光强、双光子饱和光强以及非线性吸收系数。

　　2. 非线性折射的转化

　　利用闭孔 Z-scan 技术研究了 Ag 纳米粒子非线性折射。研究发现，随着能量的增加，非线性折射出现了自聚焦—自散焦的转化过程。经过理论分析，从热电子和热累积两个角度解释了发生自聚焦行为和自散焦行为的物理机制，计算得出了 Ag 纳米粒子三阶和五阶非线性折射率系数。

　　3. 非线性吸收和折射的尺寸效应

　　利用 Z-scan 技术研究了 Ag 纳米粒子光学非线性折射和吸收的尺寸效应。研究表明，在非线性吸收方面，10 nm 的 Ag 纳米粒子表现出饱和吸收性质，

20 nm 和 40 nm 的 Ag 纳米粒子表现为饱和吸收向反饱和吸收转化。在非线性折射方面，10 nm 的 Ag 纳米粒子表现出不明显的非线性折射，20 nm 和 40 nm 的 Ag 纳米粒子表现出自聚焦或自散焦。研究得出 Ag 纳米粒子的非线性吸收和折射性质均具有尺寸效应的结论，并且解释了尺寸效应发生的物理机制。

4. 载流子超快动力学过程

利用白光泵浦–探测技术研究了 Ag 纳米粒子超快动力学过程。结果表明，不同泵浦能量下 Ag 纳米粒子的能量弛豫都经历了电子—电子、电子—声子、声子—声子的过程。实验数据的理论计算得到载流子弛豫寿命，发现随着泵浦功率的增加，电子—声子、声子—声子的弛豫寿命都略有增加，探测波长对电子—声子寿命的影响不大，而声子—声子弛豫过程随着探测波长的增加逐渐增加。不同尺寸的 Ag 纳米粒子载流子动力学过程相同且能量弛豫寿命相差不大，从声子态密度和粒子布居数分布的角度解释了超快动力学过程与尺寸无关的物理机理。

此外，还研究了 800 nm 单探测波长下 Ag 纳米粒子的超快动力学过程。研究发现，不同泵浦能量下 Ag 纳米粒子载流子动力学过程与白光泵浦–探测过程相同且不同泵浦能量下载流子弛豫寿命相差不大。

本书共 6 章，由齐齐哈尔大学蒋吉娟著，字数为 184 千字。受著者理论水平和实践经验所限，本书中难免有不足之处，敬请广大读者批评指正。

蒋吉娟

2024 年 4 月

目 录

第 1 章 绪 论

◆◇ 1.1 课题的研究背景

物质的光学性质分为线性和非线性两类。线性光学性质中物质对光的吸收不依赖于激发光，光强的变化不影响物质对光的吸收和折射；而非线性光学性质是指物质的吸收和折射等性质与光强有关。金属纳米粒子的表面等离子体共振（surface plasmon resonance，SPR）可以使其附近的局域电磁场增强[1]，因此，其非线性光学性质很容易被激发，而且等离子体共振峰位可以通过纳米粒子的材料、尺寸、形状及周围介质来调控[2-4]。因此，金属纳米材料是理想的非线性光学材料。

金（Au）纳米粒子和银（Ag）纳米粒子表面等离子体吸收带位于可见光波段，因此它们的非线性光学响应激发了人们的兴趣，并引发了许多理论和实验研究[5-6]。与 Au 纳米粒子的带间吸收和带内跃迁有广泛重叠不同，Ag 纳米粒子的带间跃迁和带内跃迁明显分离，这使 Ag 纳米粒子具有独特的性质。

金属纳米粒子的形状、尺寸以及结构的差异使其表现出不同的非线性吸收和非线性折射性质。同时，外部因素（如激光强度、波长、脉宽）也能引起非线性光学性质的变化。常见的非线性吸收类型有饱和吸收（saturated absorption，SA）、反饱和吸收（reverse saturated absorption，RSA）。非线性折射包括正的非线性折射率引发的自聚焦效应和负的非线性折射率引发的自散焦效应。对于特定材料，当自身因素和外界条件变化时会发生非线性吸收类型的转化和非线性折射类型的转化。对于非线性吸收，转化类型有只发生一次转化的饱和吸收—反饱和吸收以及反饱和吸收—饱和吸收，也有发生两次转化的饱和吸收—反饱和吸收—饱和吸收。非线性折射研究中也观察到了自聚焦向自散焦的转化，甚至是随着激发光能量的变化自聚焦和自散焦共存。非线性折射的一次转化过程已经得到了充分研究，但是二次转化过程的研究还很少。非线性吸收的二次转化目前只针对 Ag 纳米团簇和 Au 纳米棒进行了研究和报道，还极少有针对 Ag 纳米粒子的相关研究。Ag 纳米粒子的非线性折射过程的自聚焦和自散焦共存也未见报道。

此外，金属纳米结构的光学非线性和超快时间响应也受尺寸效应的影响，为了弄清楚光学非线性机理以及超快时间响应规律，深刻理解动力学过程的物理机理，系统深入地研究 Ag 纳米材料非线性光学性质转化以及超快时间动力学过程具有重大意义。

◆◇ 1.2 非线性光学简介

日常生活中很少观察到非线性光学现象，非线性光学现象的发现和研究是在激光发明之后才开始的。弱光作用下材料的光学性质通常与光的强度无关，介质的折射率、吸收系数等光学参数都为常数。而当光强足够强时，物质便显现出非线性光学性质，即材料光学性质将与激发光的强度、频率等参数有关。本节将介绍非线性光学的基础理论。

线性光学中极化强度矢量 $\boldsymbol{P}$ 与入射光场强 $\boldsymbol{E}$ 的线性关系可用如下唯象关系式描述[7]：

$$\boldsymbol{P} = \varepsilon_0 \chi \boldsymbol{E} \tag{1-1}$$

式中，χ——材料的极化率；

ε_0——真空介电常数。

在式(1-1)的假定下，麦克斯韦方程组是线性的，由此可以推导和解释光波的折射、散射、双折射等线性光学现象。

在非线性光学现象中，式(1-1)不再成立。此时，极化强度与光场强度的关系如下[8-9]：

$$\boldsymbol{P} = \chi^{(1)} \cdot \boldsymbol{E} + \chi^{(2)} : \boldsymbol{EE} + \chi^{(3)} : \boldsymbol{EEE} + \cdots \tag{1-2}$$

式中，$\chi^{(1)}$ 和 $\chi^{(2)}$ 和 $\chi^{(3)}$——介质的一阶极化率张量、二阶极化率张量、三阶极化率张量。

从式(1-2)可以看出，非线性光学的极化强度矢量不仅与光波场强的一次方有关，还与场强的高次方有关。通常高阶光学非线性现象需要很强的激发能量才能发生，常见的是二阶和三阶非线性光学现象。

二阶非线性光学现象包括二次谐波产生、光整流效应、线性电光效应和参量放大等。二次谐波产生是指用一定频率的激光束入射到某种非线性材料中，其输出光波中将包含入射光波的二次频率光波。例如用 1064 nm 的激光泵浦晶体得到 532 nm 的绿光，这个过程就是二次谐波的产生过程。光整流效应是用激光入射到某种非线性光学材料中，激光将在材料中产生电流。这种效应可用于制备灵敏光电探测器及产生脉冲电流。线性电光效应指的是在双折射介质中，外加电场将引起它们折射率的变化。这种变化与外加电场强度成正比，从而引起平面偏振电磁波的偏振面旋转。在与起偏器综合应用时，此效应可用于调制器或光开关的制备。参量放大是指用强度较低的信号光和强度较高的泵浦光同时入射到某种非线性光学材料中，输出的信号光将增强。这种效应可用于激光器的制备。

三阶非线性光学现象包括三次谐波产生、平方电光效应、与光强有关的折射率的变化等。三次谐波产生是指用一定频率的激光束入射到某种非线性材料中，其输出光波中将包含入射光波的三倍频波。如用 1064 nm 的激光泵浦晶体输出波长为 355 nm 的光的过程。平方电光效应也叫直流 Kerr 效应，在双折射介质中，外加电场将引起它们折射率的变化，从而引起平面偏振电磁波的偏振面旋转。在与起偏器综合应用时，可用此效应制备调制器或光开关。与光强有关的折射率的变化是指介质的折射率受激发光强度的影响，即 $n(I) = n_0 + \gamma(I)$，其中，n_0 为线性折射率，$\gamma(I)$ 为非线性折射率，这种光强引起折射率的变化又被称为光 Kerr 效应。强光作用下折射率的变化将引起自聚焦、自散焦、自位相调制、空间光孤子、位相共轭、光学双稳态等光现象。

本书研究主要涉及 Ag 纳米粒子的三阶非线性效应，主要关注的三阶极化强度可以表示为：

$$P_{\mathrm{NL}}^{(3)} = \chi^{(3)} \vdots EEE \qquad (1-3)$$

式中，$P_{\mathrm{NL}}^{(3)}$——三阶非线性极化强度。

将电磁场表示为频率和时间的形式，即 $\boldsymbol{E}\mathrm{e}^{\mathrm{j}\omega t}$，所以三阶极化强度可表示为：

$$P_{\mathrm{NL}}^{(3)} = \chi^{(3)} \vdots \boldsymbol{E}_1 \mathrm{e}^{\mathrm{j}\omega_1 t} \boldsymbol{E}_2 \mathrm{e}^{\mathrm{j}\omega_2 t} \boldsymbol{E}_3 \mathrm{e}^{\mathrm{j}\omega_3 t} \qquad (1-4)$$

将时间因子合并后，三阶非线性极化强度表示为：

$$P_{\mathrm{NL}}^{(3)} = \chi^{(3)} \vdots \boldsymbol{E}_1 \boldsymbol{E}_2 \boldsymbol{E}_3 \mathrm{e}^{\mathrm{j}(\omega_1+\omega_2+\omega_3)t} = P_{\mathrm{NL}}^{(3)} \mathrm{e}^{\mathrm{j}\omega_4 t} \qquad (1-5)$$

从式(1-5)可以看出，产生三阶非线性效应的情况下，三阶极化强度的频率 $\omega_4 = \omega_1 + \omega_2 + \omega_3$，所以三阶非线性效应有许多种频率情况。四波混频技术和三倍频效应就是常见的三阶非线性现象。本书的研究不涉及频率的改变，即 $\omega_4 = \omega_1 + \omega_1 - \omega_1 = \omega_1$，此时，三阶极化强度表示为：

$$P_{\mathrm{NL}}^{(3)} = \chi^{(3)} \vdots \boldsymbol{E}_1 \boldsymbol{E}_1 \boldsymbol{E}_1^* \mathrm{e}^{\mathrm{j}(\omega_1+\omega_1-\omega_1)t} = \chi^{(3)} \vdots \boldsymbol{E}_1 \boldsymbol{E}_1 \boldsymbol{E}_1^* \mathrm{e}^{\mathrm{j}\omega_1 t} \qquad (1-6)$$

式中，$\boldsymbol{E}^*$ 和 $\boldsymbol{E}$ 互为共轭。因此，介质的总极化强度可以表示为：

$$\boldsymbol{P} = \boldsymbol{P}_1 + \boldsymbol{P}_{\mathrm{NL}}^{(3)} = \chi^{(1)} \boldsymbol{E}_1 \mathrm{e}^{\mathrm{j}\omega_1 t} + \chi^{(3)} \vdots \boldsymbol{E}_1 \mathrm{e}^{\mathrm{j}\omega_1 t} \boldsymbol{E}_1 \mathrm{e}^{\mathrm{j}\omega_1 t} \boldsymbol{E}_1^* \mathrm{e}^{\mathrm{j}\omega_1 t} = (\chi^{(1)} + \chi^{(3)} \vdots \boldsymbol{E}_1 \boldsymbol{E}_1^*) \boldsymbol{E}_1 \mathrm{e}^{\mathrm{j}\omega_1 t} \qquad (1-7)$$

故总极化率表示为：

$$\chi_{\mathrm{TOTAL}} = \chi^{(1)} + \chi^{(3)} \vdots \boldsymbol{E}\boldsymbol{E}^* \qquad (1-8)$$

式中，χ_{TOTAL}——总极化率。

式(1-8)表明，当作用于材料的光强导致三阶非线性效应时，材料的极化率与激发光强有关。

介质的介电常数 ε 和总极化率 χ_{TOTAL} 的关系可以表示为：

$$\varepsilon = \varepsilon_0 \varepsilon_{\mathrm{r}} = (1 + \chi_{\mathrm{TOTAL}}) \varepsilon_0 \qquad (1-9)$$

式中，ε_r——介质的相对介电常数。

物质介电常数和介质折射率的关系为：

$$n = \sqrt{\varepsilon_r \mu_r} \qquad (1-10)$$

式中，n——介质的折射率；

μ_r——介质的相对磁导率。

由此可以发现，强光作用于介质可以改变介质的折射率，并且折射率的变化仅由光强调控，无需其他外界条件的激励。相应地，光在这样的介质中传输也会对光的相位产生影响，将这种通过调节入射光功率改变介质折射率从而改变光自身相位的效应称作自相位调制，把介质的非线性系数称为自相位调制系数。Z-scan 测量技术就是基于自相位调制的一种测量材料非线性效应的方法。

◇◇ 1.3 金属纳米粒子及其表面等离子体共振

纳米粒子是指在一维或多维方向尺寸上位于纳米级别的微小颗粒，其尺寸介于原子簇与宏观物体之间。相对宏观材料，纳米尺寸的材料具备一些特殊性质，其中最为典型的如体积效应、表面效应、量子尺寸效应和宏观量子隧道效应[10-11]。

1.3.1 金属纳米粒子

金属纳米粒子是纳米材料的一个重要分支，金（Au）、银（Ag）、铂（Pt）、钯（Pd）等贵金属纳米粒子因其化学性质相对稳定并且具有广阔的应用前景而受到关注。纳米材料制备工艺的发展使贵金属纳米材料的可控制备得以实现。金属纳米粒子的材料、尺寸以及形貌影响其对光的散射、吸收特性，不同的金属纳米粒子胶体呈现不同颜色。图 1-1 是不同尺寸 Au 纳米粒子胶体的样品。可以发现，尺寸不同，样品呈现的颜色不同。

通过控制反应条件和优化制备方法，许多新颖的 Au，Pt，Pd 等纳米粒子相继制备出来。图 1-2 显示的是不同形貌的贵金属纳米粒子的透射电子显微镜（transmission electron microscope，TEM）表征图。

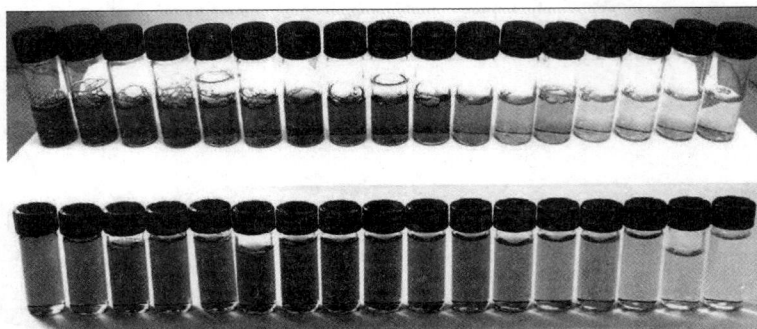

图1-1　不同尺寸的 Au 纳米粒子胶体

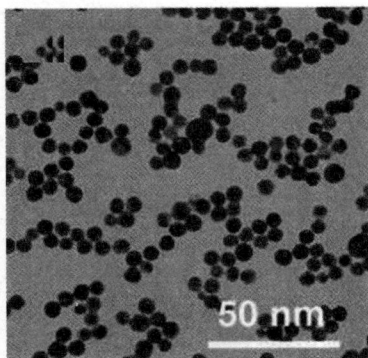

（a）Au 纳米球[12]

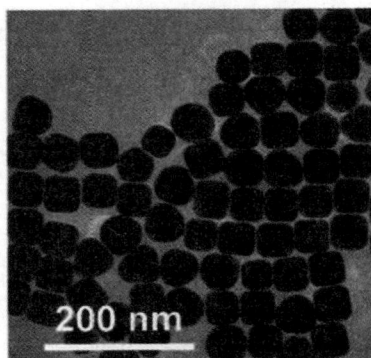

（b）Au 纳米立方体[12]

（c）Au 纳米树枝[12]

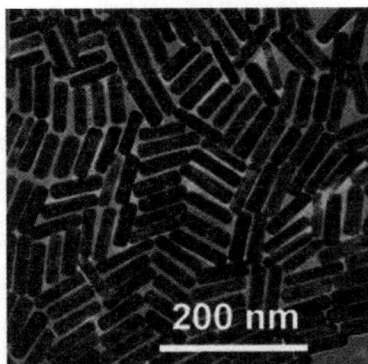

（d）Au 纳米棒[12]

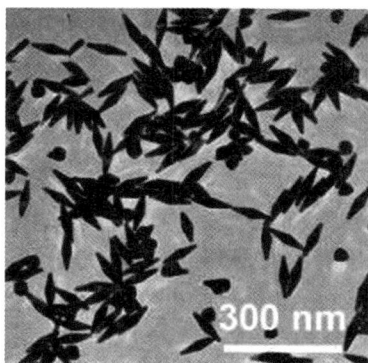

（e）Au 纳米双锥[12]

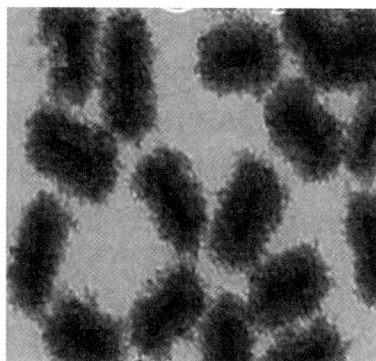

（f）Au @ TiO$_2$纳米棒[13]

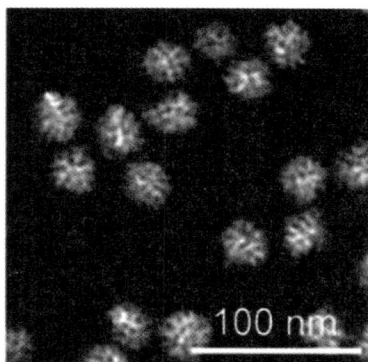

（g）Pd 纳米立方体[14]

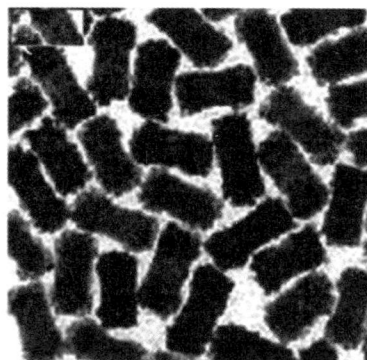

（h）Au@ Pd 纳米棒[15]

图 1-2 不同形貌和组成的贵金属纳米粒子的 TEM 图

Ag 是一种具有优良导热、导电性质的金属材料，其纳米粒子的性质与应用成为近年来的研究热点，Ag 纳米粒子及其复合材料在表面增强拉曼散射[16-18]、医学[19-20]、传热导电[21-22]、光电[23]、化学催化[24]、生物传感[5, 25]等领域都有广泛的应用。Ag 纳米粒子的性质与其尺寸、形状、组成和结构等内部因素有关[26]。因此，制备特定性能的 Ag 纳米粒子成了研究的热点。

从空间维度，Ag 纳米材料可以分为零维 Ag 纳米材料、一维 Ag 纳米材料、二维 Ag 纳米材料等。其中，零维 Ag 纳米材料主要为 Ag 纳米球，一维 Ag 纳米材料主要包括 Ag 纳米棒[27-29]和 Ag 纳米线[28, 30]，二维 Ag 纳米材料主要包括 Ag 纳米三角片[29, 31]、Ag 纳米圆盘[23, 32]等。此外，各种 Ag 纳米立体材料也被制备出来，主要包括 Ag 纳米立方体[33-35]、Ag 纳米多面体[35-36]等。随着制备工艺的发展，纳米复合材料也相继问世。典型的 Ag 纳米复合材料有 Au@Ag 纳米三角片、Au@Ag 棒、Au@Ag 纳米球、Au/Ag 纳米梭子以及 Au/Ag 纳米星[37]等，不同形貌和组成的 Ag 纳米粒子如图 1-3 所示。

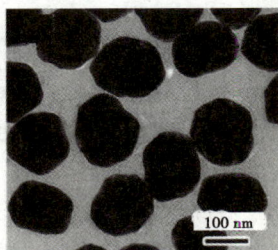

（a）Ag 纳米球[31]

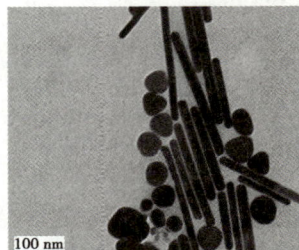

（b）Ag 纳米棒[29]

（c）Ag 纳米三角片[31]

（d）Ag 纳米线[31]

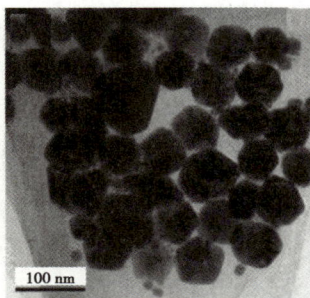

（e）Ag 纳米五边形[38]

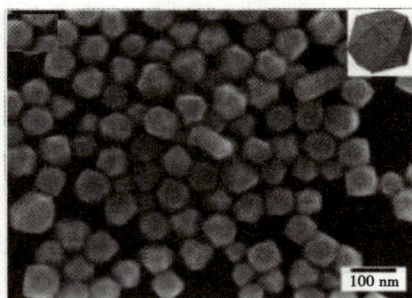

（f）Ag 纳米多面体[35]

（g）Ag 纳米立方体[35]

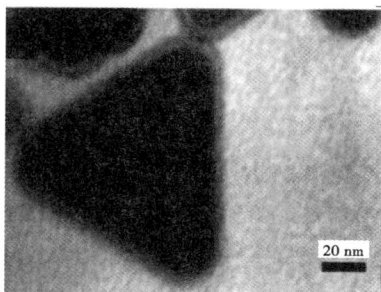

（h）Au@ Ag 纳米三角片[39]

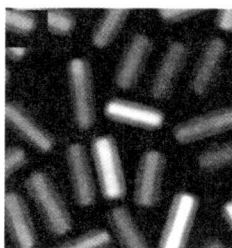

（i）Au@ Ag 纳米棒

（j）Au@ Ag 纳米球

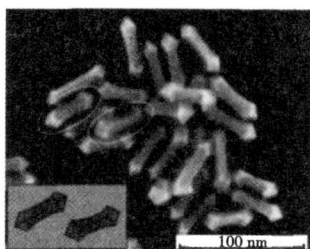

（k）Au/Ag 纳米梭子

图 1-3　不同形貌的 Ag 纳米粒子

　　Ag 纳米粒子的制备方法主要包括物理方法[40-41]和化学方法[42-45]两大类，其中，物理方法是将大颗粒 Ag 通过机械方法粉碎或研磨成具有纳米尺寸的纳米颗粒，其优点在于粒子大小可控、杂质较少和材料纯度较高，但设备复杂且对反应温度的要求较高。化学方法主要是利用化学反应将 Ag 离子从溶液中还原出来成为 Ag 单质，通过控制实验条件使其生长为具有特定纳米尺寸和形状的颗粒。化学方法实验过程简单，容易控制产物的形貌，但是分离纯化过程烦琐。两种方法相比，化学方法是制备 Ag 纳米粒子的常用方法。

1.3.2　金属纳米粒子的表面等离子体共振

当光照射到金属和电介质的界面上时，在光能量的作用下，金属表面的自由电子将发生集体振荡。在入射光的频率和自由电子的振荡频率相等的条件下，同频共振将光波的能量有效地耦合到自由电子中。此时，在金属和电介质的分界面形成一种被称为表面等离激元（surface plasmon，SP）的电磁模。表面等离激元的场强和电荷分布示意图如图 1-4 所示。这种电磁模在垂直于界面方向传播。自由电子的振荡使得在金属和电介质表面形成了强电磁场，这对于原来的光电场产生了增强效应。但是由于自由电子振荡消耗能量，在垂直方向传输的损耗在传输了几十纳米后很快地消失了。等离激元电场分量在介质和金属中的分布如图 1-5 所示。

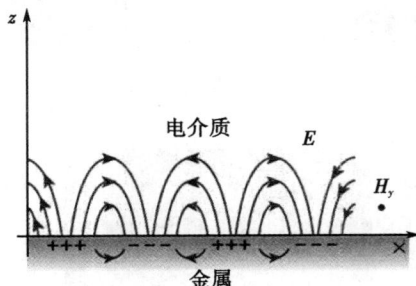

图 1-4　表面等离激元场强和电荷分布

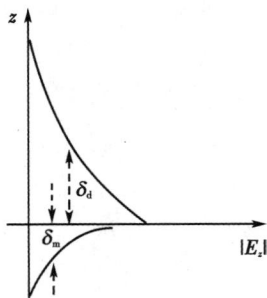

图 1-5　等离激元电场分量在介质和金属中的分布

金属材料的结构影响表面等离激元的传输特性。当金属材料为金属纳米粒子时，光电场的作用使纳米粒子的表面电子相对于纳米粒子中心位置发生集体振荡，这样产生的电磁模式称为局域表面等离激元（local surface plasmon，LSP）。局域表面等离子体共振示意图如图 1-6 所示。可见，局域表面等离激元是一种被局域在纳米粒子附近的电磁模式，具有非辐射性，Ag 纳米粒子局域表面等离子共振的电场增强分布如图 1-7 所示。当金属结构至少在一个维度上大于光波波长时，表面等离激元会沿着金属纳米结构的某个维度传播，这样产生的电磁模式叫作表面等离极化激元（surface plasmon polariton，SPP）。图 1-8 中展示了 Ag 纳米线中等离激元（SPP）的传输[30]。

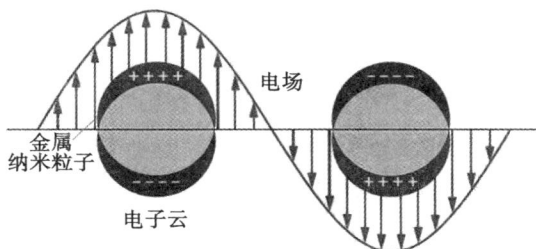

图 1-6　局域表面等离子体共振示意图[46]

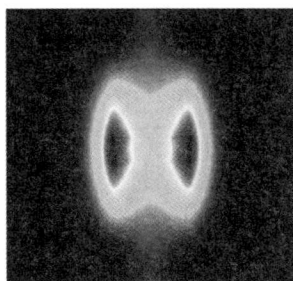

图 1-7　Ag 纳米粒子周围的局域电场增强效应

金属纳米粒子的尺寸[3-4]、形状[47-48]、材料、介质[3,49]以及环境温度[50]影响着局域表面等离子体共振频率。因此，金属纳米粒子可以用于生物检测、传感器等诸多应用。金属纳米粒子的局域表面等离子体共振对电磁场的

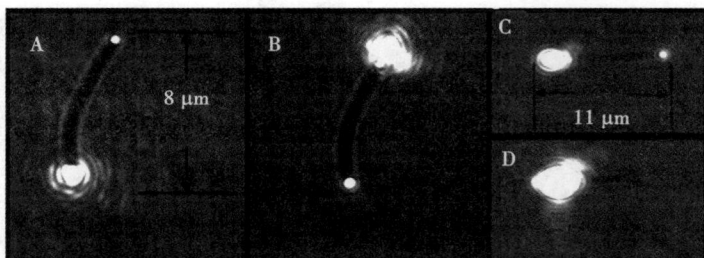

图 1-8　光从 Ag 纳米线的一端耦合进入并通过等离子体激元传播至另一端[30]

局域增强效应使其用于拉曼增强技术和荧光增强技术等领域。与 Au 等贵金属纳米粒子相比,Ag 的介电常数虚部较小,在可见光和红外波段具有较好的拉曼增强因子,这使得 Ag 纳米粒子成为拉曼增强技术等领域的首选金属纳米材料。

1.3.3　Ag 纳米粒子的表面等离子体共振特性

Au,Ag,Pt,Pd 等贵金属材料均具有局域表面等离子体共振特性,对于球形 Au 纳米粒子,其表面等离子体共振峰通常位于 530 nm 附近;对于球形 Pt 和 Pd 纳米粒子,其表面等离子体共振峰位于紫外波段;而球形的 Ag 纳米粒子表面等离子体共振峰在 400 nm 左右。一般而言,表面等离子体共振特性受到纳米粒子的材料、形状、尺寸的影响,通过控制纳米粒子的形貌和尺寸,可以调控表面等离子体共振峰的位置,不同形貌和尺寸的 Ag 纳米粒子线性吸收谱如图 1-9 所示。

图 1-9(a)显示的是不同形貌的 Ag 纳米粒子的表面等离子体共振峰。虽然形貌不同共振峰有所区别,但是典型的峰位在 400 nm 附近。形状越复杂,共振峰数量越多,这是 Ag 纳米棒、Ag 纳米三角片等复杂形貌中的自由电子发生四极或八极振荡等多极振荡模式的结果。图 1-9(b)呈现的是不同尺寸的球形 Ag 纳米粒子的共振峰位(该图为本书测试结果),尺寸小于 50 nm 时共振峰较窄,随着尺寸的增加峰宽逐渐变宽,这是由于等离子体共振模式从小尺寸的偶极振荡逐渐过渡到大尺寸时的多极振荡。

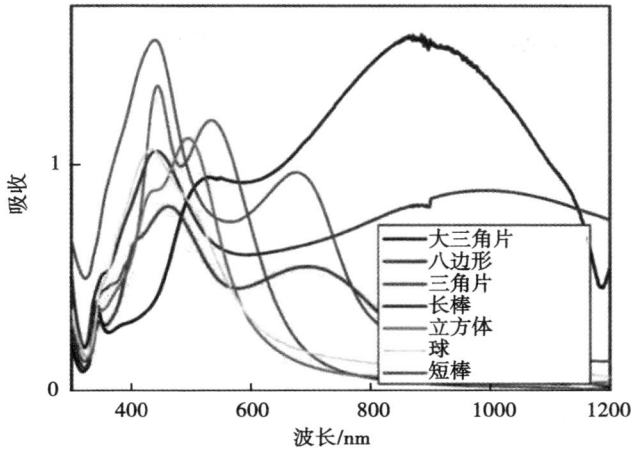

（a）不同形貌的 Ag 纳米粒子的线性吸收谱[51]

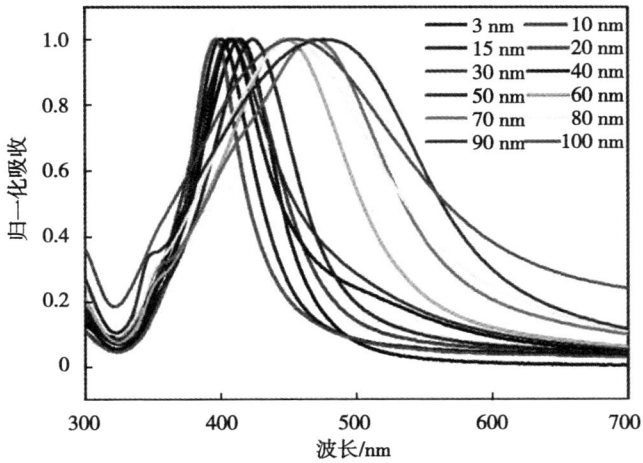

（b）不同尺寸的球形 Ag 纳米粒子的线性吸收谱

图 1-9 形貌和尺寸对 Ag 纳米粒子表面等离子体共振峰的影响

Au，Ag 纳米粒子常被用于非线性光学领域。与 Au 纳米粒子相比，Ag 受到激发后欧姆损耗较低，容易激发较强的振荡从而获得较好的局域场增强，但 Ag 的活泼性比 Au 强且容易被氧化。与之相比，Au 的性质更加稳定，但是欧姆损耗高。可见光波段，由于欧姆损耗不同使得 Ag 和 Au 的线性吸收谱不同。Ag 的线性吸收峰通常较窄，在 410 nm 附近，而 Au 的通常较宽，在 530 nm 附近。因此，两者相比，Ag 纳米更加适合波长 400~530 nm 的应用。

◆◇ 1.4 Ag 纳米粒子非线性光学性质及超快动力学研究现状

1.4.1 Ag 纳米粒子非线性吸收研究现状

近年来，国内外很多科研人员对 Ag 纳米粒子的非线性吸收进行了广泛研究。总结起来，已有的研究主要从以下几方面开展：不同形貌的 Ag 纳米粒子的非线性光学性质；不同尺寸的 Ag 纳米粒子的非线性光学响应；激光波长、脉冲宽度、重复频率对 Ag 纳米粒子光学非线性的影响；Ag 纳米复合材料的光学非线性性质。

（1）Ag 纳米粒子的形貌对非线性光学性质的影响。2014 年，Zheng 等人[38]利用 Z-scan 技术使用波长为 532 nm 的纳秒激光脉冲研究了 Ag 纳米五边形的非线性光学行为。研究结果表明，Ag 纳米五边形表现出与强度相关的非线性吸收性质。随着激发光能量的增加，Ag 纳米五边形的非线性吸收从饱和吸收逐渐过渡到反饱和吸收，如图 1-10 所示。饱和吸收行为归因于基态等离子体漂白，反饱和吸收是激发态自由载流子吸收和非线性散射的结果。对比相同激发能量下 Ag 纳米片、Ag 纳米线、Ag 纳米球、Ag 纳米五边形的实验结果如图 1-11 所示，得出 Ag 纳米粒子的非线性吸收性质依赖于粒子的形状的结论。

2018 年，Zvyagin 等人[52]研究了球形、三角形、球形与三角形混合的 Ag 纳米粒子的非线性光学响应，实验结果如图 1-12 所示。

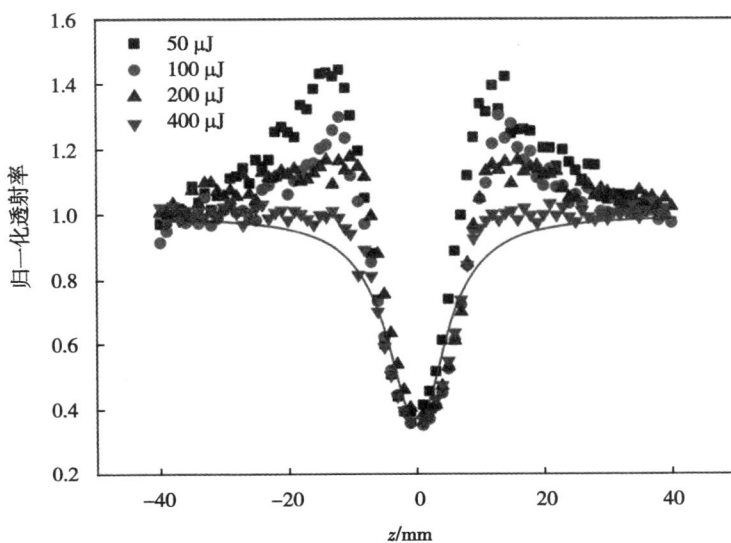

图 1-10 激光强度对 Ag 纳米五边形非线性吸收的影响

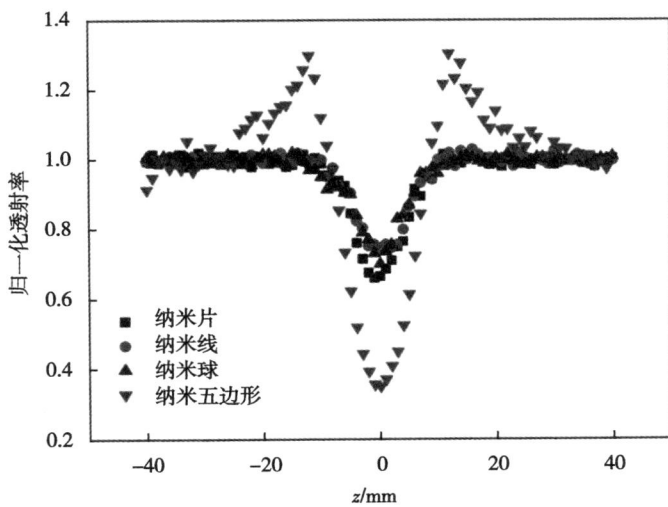

图 1-11 在相同激发能量下不同形貌的 Ag 纳米粒子的非线性吸收[38]

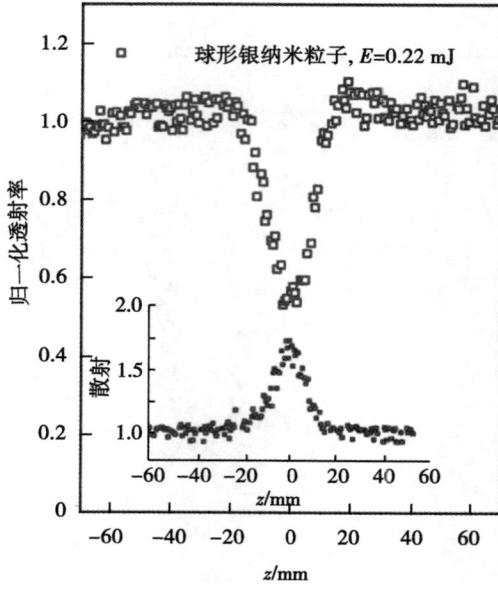

（a）球形

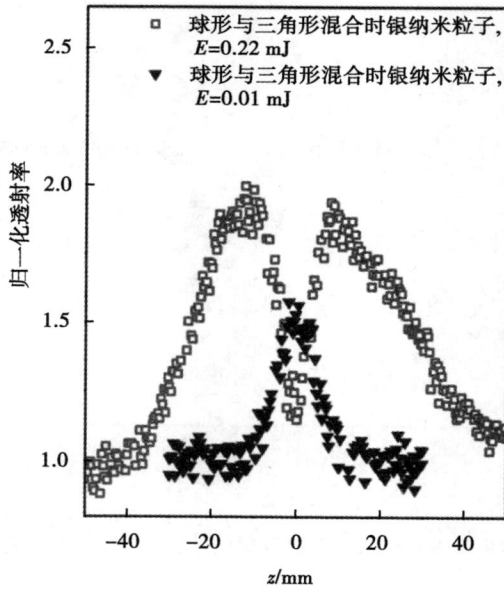

（b）球形/三角形混合

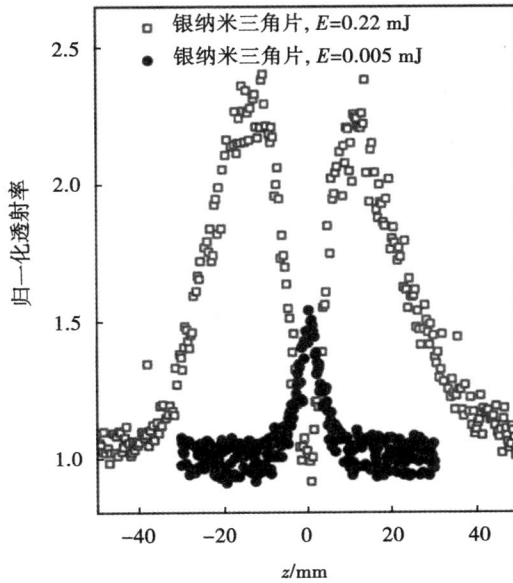

（c）三角形[52]

图 1-12 相同激发能量下 Ag 纳米粒子的非线性吸收

在相同激发条件下，等离子体共振波长位于 400 nm 的球形粒子表现为反饱和吸收，而表面等离子体共振峰为 600 nm 的三角形和混合型纳米粒子表现出饱和吸收向反饱和吸收的转化，通过形状调控表面等离子体共振波长可以改变非线性吸收性质。

（2）激光波长对 Ag 纳米粒子非线性吸收性质的影响。Allu 等人[47]用飞秒脉冲激光在不同激光波长下对 Ag 纳米线的非线性光学性质进行了研究。图 1-13 是在 700，750，850，900 nm 波长下的开孔 Z-scan 测量结果，Ag 纳米线的非线性吸收表现出与波长相关的饱和吸收与反饱和吸收转化的复杂行为。

Ferrari 等人[53]采用 Z-scan 技术在 445～660 nm 光谱范围内研究了分散在玻璃基质中的 3 nm 和 17 nm 的 Ag 纳米粒子的非线性吸收性质。研究结果表明，在不同波长激光的辐照下，3 nm 的 Ag 纳米粒子发生双光子吸收，而 17 nm 的 Ag 纳米粒子呈现出饱和吸收向反饱和吸收转化，并且在等离子体共振波长 480 nm 处更明显，如图 1-14 所示。同时，对两种尺寸的纳米粒子

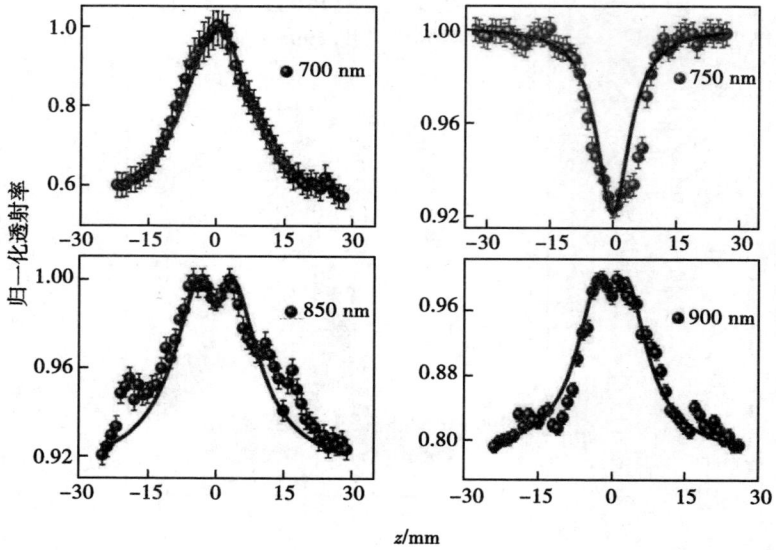

图 1-13　不同激发波长下 Ag 纳米线非线性光学特性[47]

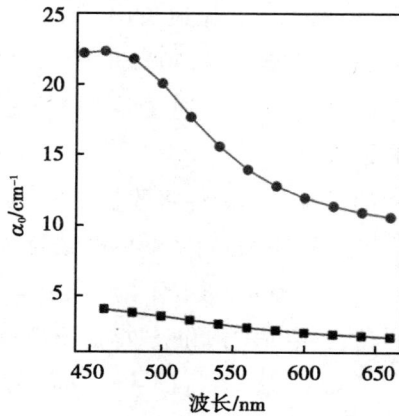

（a）线性吸收系数 α_0

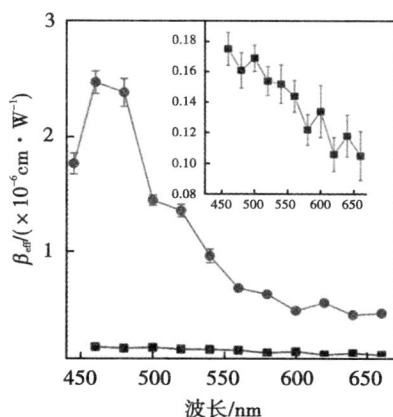

（b）非线性吸收系数 β

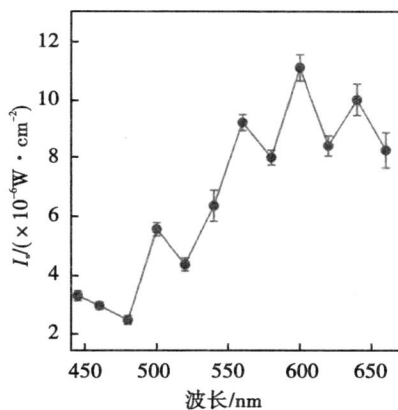

（c）饱和光强 I_s[53]

图 1-14　445~660 nm 宽光谱范围理论结果

（圆点是 17 nm 的，方块是 3 nm 的）

吸收特性差异的物理原理进行了阐述。Ferrari 等人认为，随着粒径增大，饱和吸收变得更为明显，这是电子结构的尺寸依赖性导致的，对于小粒子，其电子态离散性阻碍了等离子体共振。

（3）尺寸对 Ag 纳米粒子非线性吸收的影响。2012 年，Fan 等人[54]利用飞秒激光在 800 nm 的激光波长下研究了不同尺寸 Ag 纳米粒子的非线性吸收性质。研究结果表明，小尺寸 Ag 纳米粒子的非线性吸收不明显，而较大的 Ag 纳米粒子显示出饱和吸收，Ag 纳米粒子的非线性吸收性质是与尺寸相关的，从能带结构和电子跃迁角度对非线性吸收的尺寸效应物理机制做出了解释。

2019 年，Maurya 等人[55]用波长为 400 nm 和 800 nm 的飞秒激光研究了 Ag 纳米粒子非线性吸收的尺寸效应。研究结果表明，不同尺寸的 Ag 纳米粒子非线性性质不同。对于同一尺寸的纳米粒子，非线性吸收性质表现出与激光波长、样品浓度以及激发强度相关的特性。

（4）非共振/共振波长激发下 Ag 纳米粒子的非线性吸收。Au 纳米粒子的等离子体共振吸收和带间吸收部分重叠，这大大降低了等离子体激发效率。而 Ag 的带间吸收波长约为 320 nm，表面等离子体共振波长约为 400 nm，两者明显分离，导致 Ag 纳米粒子的等离子体激发比 Au 纳米粒子效率高。因此，许多研究都集中在 Ag 纳米粒子的非线性吸收和光限幅方面[56]。Zheng 等人[57-58]利用开孔 Z-scan 技术在 532 nm 波长下研究了 Ag 纳米线/硅胶-玻璃复合材料的非线性吸收。Unnikrishnan 等人[59]在 456，477 和 532 nm 的激发波长下研究了 Ag 纳米溶胶的非线性吸收。这些研究结果表明，在较高的激发强度下，非线性吸收从饱和吸收向反饱和吸收转化。Anija 等人[60]和 Yang 的研究小组[61]利用 Z-scan 技术在 532 nm 的波长下对 ZrO$_2$ 和 PMMA 中的 Ag 纳米粒子的非线性吸收性质进行研究，也观察到了从饱和吸收向反饱和吸收转化的行为。在这些报道中，研究人员都对发生转化的物理机制进行了讨论。对于 Ag 纳米线/硅胶-玻璃复合材料[57]，非线性吸收的转化行为从 Ag 纳米粒子介质环境的影响和电子动力学角度解释。对于 Ag 纳米溶胶[59]的非线性吸收的转化行为，用表面等离子体漂白、光化学效应和选择性粒径激发机制来解释。对于 ZrO$_2$ 中的 Ag 纳米粒子[60]非线性吸收的转化，从非线性 Kerr 效应和非线性光散射两个角度阐明了转化机理。

2012 年，Hari 等人[62]使用 532 nm 的纳秒激光进行开孔 Z-scan 测量研究了 Ag 纳米粒子的非线性光学性质。当输入强度从 28.1 MW/cm^2 增加到 175.8 MW/cm^2 时，观察到从饱和吸收到反向饱和吸收的转化。解释了转化发生的机制是基态等离子体带漂白和激发态吸收之间的相互竞争。

Ganeev 和 Gao 两个团队对于共振波长下 Ag 纳米粒子非线性光学性质的研究报道比较典型。Ganeev 等人[63]在 397.5 nm 波长下研究了脉冲宽度对

Ag 纳米颗粒的非线性光学吸收的影响。研究结果表明，对于 1.2 ps 脉冲激光，Ag 纳米粒子呈现出饱和吸收；对于 8 ns 脉冲激光，呈现出反饱和吸收。

2012 年，Gao 等人[56]利用开孔 Z-scan 技术，使用 130 fs 脉冲激光在 400 nm 处对 Ag 纳米粒子的非线性吸收进行了研究。研究结果发现，在低强度下，Ag 纳米粒子的非线性吸收表现为饱和吸收；在高强度下，发生从饱和吸收向反饱和吸收的转化。从等离子体漂白、自由载流子吸收和迁移等方面分析了非线性吸收转化过程的机理。研究结果还发现，当脉冲激光重复频率较高时，开孔 Z-scan 曲线变得不对称，该不对称性的原因归结为高脉冲频率下的热累积效应。

（5）Ag 纳米复合材料的非线性光学性质。2009 年，Seo 等人[64]利用 532 nm 纳秒激光研究了 Au 纳米粒子与 Au@Ag 核壳纳米粒子的光学非线性性质。实验结果表明，Au 纳米粒子在低激发强度下显示了饱和吸收，而在激发强度增加时出现由饱和吸收向反饱和吸收转化的行为。而 Au@Ag 核壳纳米粒子在相同激发条件下一直为反饱和吸收。

2017 年，Yu 等人[65]对飞秒激光辅助合成的 Ag 纳米粒子及还原氧化石墨烯（rGO）复合材料的光限幅特性做了研究，如图 1-15 和图 1-16 所示。结果表明，Ag 纳米粒子/rGO 复合材料具有比 rGO 更好的光限幅性能，这与 Ag 纳米粒子增强的非线性吸收和非线性散射效应有关。

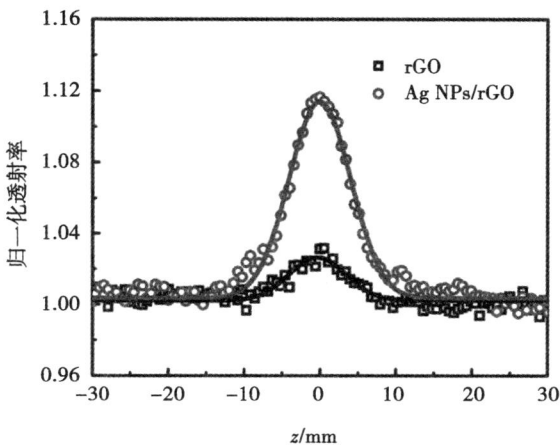

图 1-15　rGO 和 Ag NPs/rGO 的开孔 Z-scan 测量结果

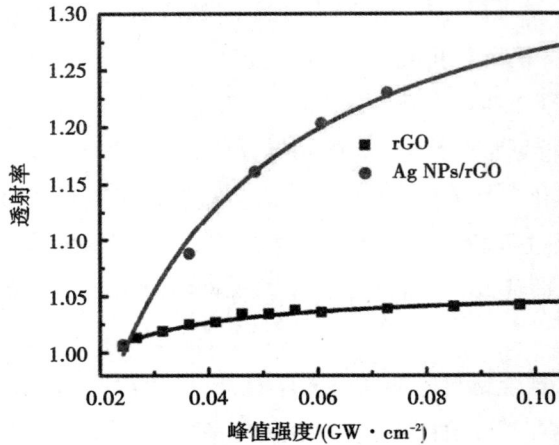

图 1-16　rGO 和 Ag NPs/rGO 光限幅性能的比较

综上所述，Ag 纳米粒子非线性吸收性质的研究基本都集中在饱和吸收和反饱和吸收，几乎所有的团队都认为饱和吸收是基态等离子体漂白的结果，反饱和吸收是双光子吸收或激发态吸收导致的。事实上，在某些条件下，非线性吸收也存在饱和行为。2018 年，Reyna 等人[66]利用 Z-scan 技术对 Ag-29 纳米团簇的非线性吸收进行了研究。使用不同浓度的 Ag-29 纳米团簇，观察到线性和非线性吸收都发生了饱和，这种现象需要在高入射强度和 Ag-29 纳米团簇低浓度条件下才能清楚地观察到。因为，高浓度的 Ag-29 纳米团簇可以掩盖非线性吸收的饱和，从而导致非线性吸收饱和不容易被观察到。到目前为止，这种由于非线性吸收饱和引起的二次转化针对 Ag 纳米粒子还没有相关研究，内在物理机制尚未明确。这方面的研究对于完善 Ag 纳米粒子的非线性吸收理论研究具有理论意义，对于指导 Ag 纳米粒子在光限幅器、激光器的饱和吸收体等领域的应用具有实际意义。

1.4.2　Ag 纳米粒子非线性折射研究现状

对于金属纳米粒子的非线性折射性质，很多课题组也进行了研究。金属纳米粒子非线性折射导致的非线性效应常见的有自聚焦和自散焦。自聚焦效应是正的非线性折射率引起的，而自散焦是负的非线性折射率引起的。

2012 年，Fan 等人[54]利用 800 nm 的飞秒激光脉冲研究了不同尺寸的 Ag 纳米颗粒的非线性折射。非线性折射均表现为自聚焦，Fan 等人将其归因于 Ag 纳米颗粒的 s-p 导带中的带内跃迁产生的热电子的影响。

2018 年，Reyna 等人[66]实验合成了 Ag-29 纳米团簇，并用开孔和闭孔 Z-scan 方法在 532 nm 处对其水悬浮液的非线性折射进行了研究。Reyna 等人研究发现，三种不同浓度的 Ag-29 纳米团簇水溶液随着入射强度的增加都表现出自散焦性质，非线性折射率明显依赖于纳米团簇溶液的浓度。

一般情况下，激光强度、激光波长以及脉冲宽度的变化均可以改变三阶非线性折射性质。2019 年，Zhang 等人[67]针对激光波长和样品浓度对 Ag 纳米粒子非线性折射的影响展开了研究。制备了掺有不同浓度的 Ag 纳米粒子的聚合物薄膜，用 60 fs 的脉冲激光在 400 nm 和 800 nm 两种波长下进行了闭孔 Z-scan 测量，实验和理论结果如图 1-17 所示。研究表明，激发波长相同时，非线性折射率 γ 的值随 Ag 纳米粒子浓度的增加而增加，而且符号不变。在不同波长下，非线性折射符号发生了变化，从 800 nm 的自聚焦转变为 400 nm 下的自散焦。此外，Zhang 等人还研究了脉冲宽度对非线性折射的影响，结果表明皮秒脉冲测量的 Ag 纳米粒子的非线性折射率比飞秒脉冲的结果大三个数量级。

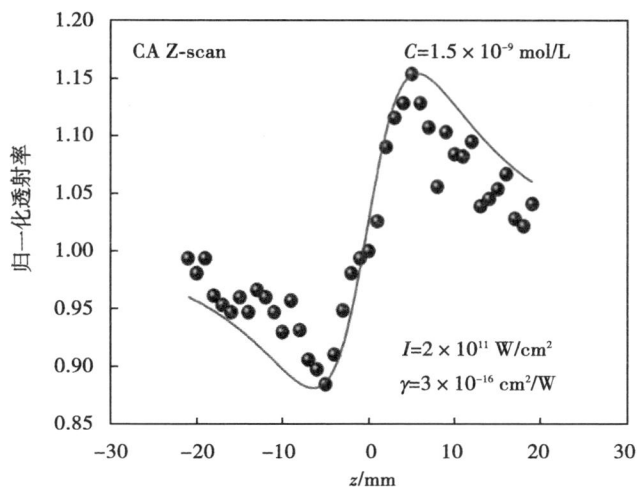

（a）800 nm，60 fs 激光脉冲，浓度 $C = 1.5 \times 10^{-9}$ mol/L

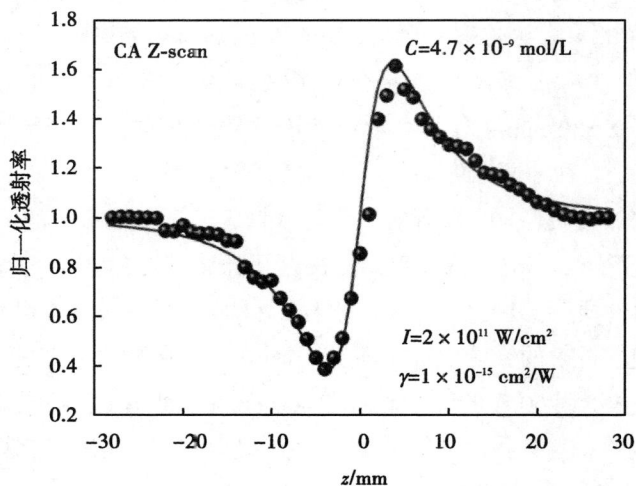

（b）800 nm，60 fs 激光脉冲，浓度 $C=4.7 \times 10^{-9}$ mol/L

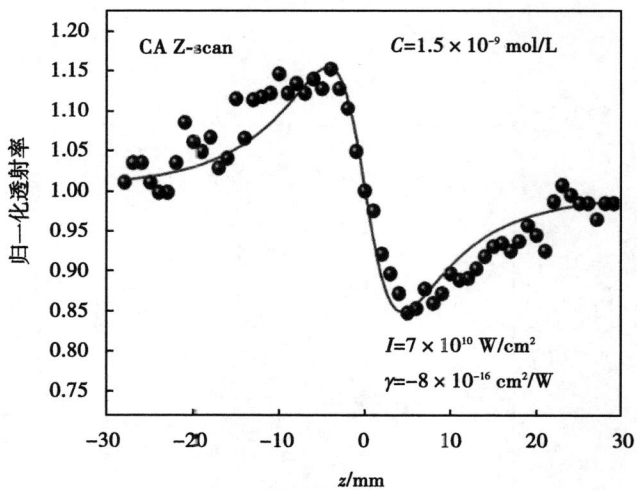

（c）400 nm，60 fs 激光脉冲，浓度 $C=1.5 \times 10^{-9}$ mol/L

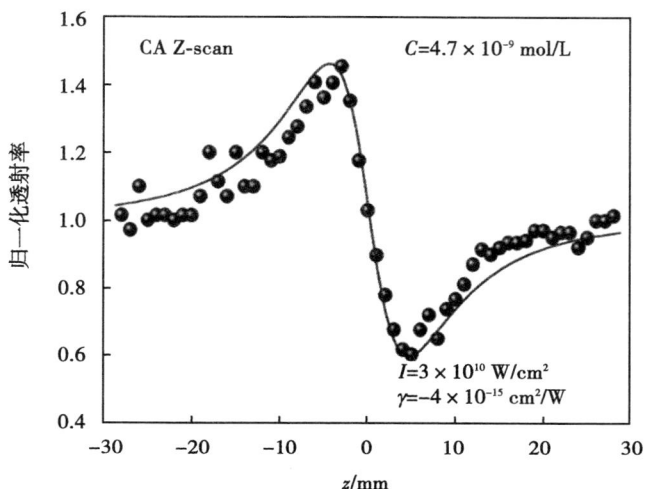

（d）400 nm，60 fs 激光脉冲，浓度 $C = 4.7 \times 10^{-9}$ mol/L[67]

图 1-17　Ag 纳米粒子闭孔 Z-scan 的实验数据和理论结果

　　常见的非线性折射主要是由三阶非线性效应引起的，事实上，在强光作用下也会激发材料的五阶非线性效应，并且符号相反的三阶非线性折射和五阶非线性折射的共存和转化也会发生。

　　Ganeev 等人[68]研究了伪异氰酸酯溶液（PIC）染料水溶液的非线性折射性质。闭孔 Z-scan 实验测量结果出现了双峰–谷的形式。该实验结果与通常情况下自聚焦时的先谷–后峰以及自散焦时的先峰–后谷相比有很大不同。将这种双峰–谷的形式归因于符号相反三阶和五阶非线性折射率的作用。

　　类似的符号相反的三阶和五阶折射率作用下的自聚焦和自散焦共存和转化的行为在金属纳米粒子中也受到了关注。2019 年，Oliveira 等人[69]使用重复频率 4 Hz 的波长为 532 nm 的皮秒脉冲激光对 Au 纳米棒的非线性折射进行了研究。研究结果表明，五阶非线性对折射也有贡献，实验观察到了与能量相关的自聚焦和自散焦的共存和转化。并且从实验结果可以看出，相反符号的三阶和五阶折射共同作用导致了闭孔 Z-scan 的曲线的不对称性。

　　虽然针对 Ag 纳米粒子的非线性折射有很多课题组进行了大量的研究，但是关于 Ag 纳米粒子非线性折射中的自聚焦和自散焦的共存现象目前还很少有实验的研究。然而，这些非线性性质的转化所涉及的内在机理以及对应用方面的指导意义是不言而喻的。

1.4.3 Ag 纳米粒子超快动力学研究现状

对材料超快动力学过程的研究有助于深入理解在激光激发下材料内部载流子的动力学过程，有利于阐释材料表现出的宏观物理现象的内在机理，从而根据实际应用指导材料合成。对于 Ag 纳米粒子的超快动力学过程的研究已经有很多报道。

1995 年，Roberti 等人[70]研究了 4 nm 和 10 nm 的 Ag 纳米颗粒的超快动力学过程。研究结果发现，不同尺寸的 Ag 纳米粒子在飞秒激光激发下具有相似超快动力学过程。在激光的激发后，非线性吸收过程有一个快速上升过程和两个衰减过程。具体来说，非线性吸收的快速上升归因于纳米粒子的基态等离子体漂白。快速上升后是弛豫寿命不同的两个衰减过程。快衰减时间约为 2 ps，慢衰减时间约为 40 ps。快速衰变归因于电子-声子(e-ph)耦合，它导致能量离开激发的电子而进入声子。接下来的缓慢衰减是声子-声子(ph-ph)耦合过程，这一过程将声子的能量转移到介质中，然后建立电子与晶格之间的平衡。Roberti 等人的研究还涉及 Ag 纳米粒子的超快动力学过程的尺寸效应，其结论是，Ag 纳米粒子的超快动力学过程不是与尺寸相关的。并且，Roberti 等人还解释了超快动力学的尺寸无关性。在其研究中指出，电子弛豫受两个因素的影响，分别为固体粒子中声子的态密度以及声子的分布和能级。随着颗粒尺寸的减小，固体颗粒中声子的态密度降低，这预计会导致电子-声子耦合，从而导致电子弛豫衰减变慢。尺寸的减小会使接收能量的声子的分布和能级发生变化，这会导致电子弛豫速率增加。由于这两个因素之间的竞争，整体弛豫过程和寿命几乎与颗粒尺寸无关。然而，在报告的最后，Roberti 等人强调，为了更全面地描述动力学的尺寸效应，需要在更大的尺寸范围内进行研究。

1999 年，Halté 等人[71]采用时间分辨光谱法研究了嵌入硅酸盐玻璃或多孔氧化铝基体中的不同尺寸的 Ag 纳米颗粒的电子动力学。在不同的激发条件下进行的飞秒泵浦-探测实验结果表明，随着颗粒尺寸的减小，能量弛豫更快。对于相同尺寸和激发条件的颗粒，发现在氧化铝基体中团簇的弛豫时间更快。讨论了表面声子模式和基体热导率对电子能量弛豫影响的几种机制。Halté 等人认为，观察到的电子晶格弛豫时间随纳米颗粒尺寸的减小而减小可以解释为电子和表面振动模式之间的尺寸依赖耦合或对介电基体的传热。传热效应在相同粒子嵌入不同热导率矩阵中表现得十分明显，研究结果表明了研究金属纳米粒子中能量传递机制时环境的重要性。

2000 年，Harata 等人[72]通过观察光致折射率变化引起的超快透镜效应研究了胶体 Ag 纳米颗粒在水溶液中的超快动力学。Harata 等人认为超快响应由光学克尔效应的瞬时上升和随后的双 e 指数衰减分量组成。衰减成分独立于泵浦光和探测光的相对偏振面，并具有温度依赖性，弛豫寿命范围为 0.4~2.2 ps 和 10~100 ps。在约 7 ℃ 发现快速上升的时间常数最小。结果表明，在 Ag 纳米粒子表面附近的水分子结构受氢键的影响，其温度依赖方式与水的分子结构类似。

2004 年，Voisin 等人[73]研究了平均粒径为 2~26 nm 的嵌在不同基质中的 Au、Ag 纳米粒子的电子动力学过程。利用飞秒泵浦-探测技术对光激发非平衡电子的内部热动力学进行了实验研究。探测与波长相关的测量结果与基于体金属电子动力学和能带结构建模的理论模型的结果定性一致。在这两种金属中，大于 10 nm 的纳米颗粒的电子热化时间接近体电子热化时间，而小于 10 nm 的纳米颗粒的电子热化时间则急剧缩短，观察到的尺寸行为反映了小纳米颗粒中电子-电子能量交换效率的提高，这个结果与体金属电子动力学的简单模型一致。电子-电子相互作用随尺寸减小而增加的原因是靠近纳米颗粒表面的传导电子和核心电子对库仑相互作用的屏蔽减弱。

2005 年，You 等人[74]利用飞秒泵浦-探测技术研究了 Ag：Bi_2O_3纳米复合薄膜中动力学能量弛豫和浓度依赖性的超快过程。对于 Ag 浓度较低的薄膜，在适度激发下，能量弛豫几乎在 1 ps 内完成，热电子与周围基质之间的耦合的能量弛豫方式起着重要的作用，导致可以忽略的功率依赖。对于高 Ag 浓度的薄膜，能量弛豫过程由 1~2 ps 的快速分量和慢衰减分量组成。热电子的冷却主要通过 Ag 粒子内的本征电子-声子耦合完成，并表现出较强的功率依赖性。散热过程既取决于颗粒温度，又取决于 Bi_2O_3基体的导热系数，不同的弛豫特性是由于 Ag 纳米颗粒的 Bi_2O_3基体在结构和热性能上的差异造成的。

2007 年，Lysenko 等人[75]利用飞秒泵浦-探测技术对嵌入玻璃基质中的 Ag 纳米粒子的载流子动力学进行了研究。对磷酸铝玻璃进行热处理，制备了不同尺寸 Ag 纳米颗粒的金属-介电纳米复合材料。电子散射的超快弛豫动力学显示尺寸和泵浦功率相关的属性。讨论了不同尺寸纳米颗粒的双光子吸收过程。在瞬态吸收实验中观察到纳米粒子的激光诱导相干振动。观察到了 Ag 纳米粒子的电子-电子和电子表面散射的超快光学动力学过程。用双温度模型分析了电子-声子弛豫过程，分析了电子温度和晶格温度的时间演化。在激光照射下，Ag 纳米球的光学性质在吸收截面上发生了显著的变化。用双温度模型估计了体积吸收因子显示随着大纳米颗粒泵浦功率的增加而增加。这种行为与双光子吸收有关。双光子吸收的概率随着粒径的增大而增大，这也与纳米粒子中电磁场分布的空间不均匀性有关。结果表明，Ag-P_2O_5：Al_2O_3：CaO：SrO：BaO 玻璃基体的热弹性性能对振荡阻尼有显著的贡献，振荡阻尼随颗粒尺寸和晶格温度的增加而减小。

2008 年，Yang 等人[61]对钠钙硅酸盐玻璃中 Ag 纳米颗粒的光学非线性和超快动力学进行了研究。采用离子交换-退火法制备了包埋在钠钙硅酸盐玻璃中的 Ag 纳米颗粒。采用 Z-scan 技术、飞秒时间分辨光学克尔效应技术和飞秒泵浦-探测技术研究了激光波长、激光脉冲持续时间以及退火温度对复合材料三阶光学非线性和超快动力学的影响。结果表明，400 nm 脉冲测得的 Ag 纳米颗粒复合玻璃的三阶磁化率要大于 800 nm 脉冲源测得的三阶磁化率，这是由于局域场对在硅酸盐玻璃中的 Ag 纳米颗粒的近表面等离子体共振增强作用所致。用纳秒激光光源测得的三阶非线性比飞秒脉冲测得的三阶非线性大两个数量级。退火温度对复合材料的三阶光学非线性和超快动力学有重要影响。在 Ag 纳米粒子掺杂玻璃中获得了高达 10^{-10} esu 的三阶非线性磁化率和高达 0.2 ps 的快速弛豫过程。

2009 年，Yang 等人[76]通过飞秒时间分辨光 Kerr 技术和飞秒泵浦-探测技术研究了热处理对嵌入玻璃中的 Ag 纳米粒子三阶光学非线性和超快动力学的影响。结果表明，随着退火温度的升高，三阶磁化率从 1.1×10^{-11} esu 增加到 1.48×10^{-9} esu。并且热处理温度的升高加速了快速衰减过程，这归因于 Ag 纳米粒子聚集过程加快了电子-声子耦合。慢弛豫时间范围为 25~140 ps，具体取决于基体材料的热导率。

2019 年，Maurya 等人[55]使用 400 nm 的 35 fs 激光研究了 25，30，37 和 38 nm 的 Ag 纳米颗粒的超快动力学。研究结果得出，不同直径的纳米颗粒的电子-声子能量交换的快速衰减时间常数存在差异。具体而言，平均直径为 25，30，37 和 38 nm 的样品的快速衰减时间常数分别为 1.8，2.1，2.3 和 1.5 ps。Maurya 等人认为，在允许的误差范围内，Ag 纳米粒子的动力学过程几乎与尺寸无关，弛豫寿命实验数值的差异是因为所研究的纳米颗粒样品间尺寸差异不大以及同一样品尺寸分布相对较宽导致的。近年来，纳米颗粒制备技术快速发展，使制备尺寸可控且粒径均匀的纳米颗粒成为可能，这为研究尺寸效应对 Ag 纳米粒子超快动力学的影响创造了条件。

◆◇ 1.5　本书研究的目的和意义

在纳米材料中，金属纳米粒子在光的作用下表现出的表面等离子体共振效应能引起电磁场的增强，这种性质使得金属纳米粒子表现出诸多的优异性能和被广泛应用。相对于其他金属，Ag 纳米粒子的共振峰位于可见光波段，并且 Ag 的表面等离子体共振吸收带和带间吸收明显分离，这将直接导致 Ag 纳米粒子更高的表面等离子体共振效率。虽然对于 Ag 纳米粒子的非线性光学性质的研究以及内部机制的解释已经存在较多报道，但是对于实验过程中 Ag 纳米粒子非线性吸收的二次转化过程的研究还不够系统，对于非线性折射中表现的自聚焦和自散焦的转化和共存现象的内在机理解释还不够明确。同时，对于 Ag 纳米粒子非线性吸收、折射及超快光学性质的尺寸效应的研究仍不全面，尚存需解决的问题如下。

（1）Ag 纳米粒子的非线性光学性质通常情况下表现为饱和吸收、反饱和吸收以及饱和吸收向反饱和吸收的转化。然而，在某些激发条件下，Ag 纳米粒子非线性吸收也会表现出饱和吸收向反饱和吸收再向饱和吸收转化的复杂行为。针对此种现象，探索适当的理论模型对此进行描述，以及对引起这种复杂转化的内在机制的解释仍具有研究价值。

（2）Ag 纳米粒子非线性折射性质可以引发自聚焦、自散焦、自位相调制、位相共轭及光学双稳态等效应，这些性质在光电子器件以及空间光孤子传输等领域有广阔的应用前景。然而，随着光能量的变化，Ag 纳米粒子的非线性折射转化却常被忽视，尤其是符号相反的低阶和高阶非线性折射共同作用下表现出的自聚焦、自散焦共存和转化现象没有受到关注。为此，从理论分析、模型计算、实验测试以及机理阐释四个方面对非线性折射转化的研究具有重要意义。

（3）尽管有两个科研团队针对 Ag 纳米粒子的非线性吸收以及超快动力学过程的尺寸效应已经展开了研究，但是必须强调尺寸效应的研究应该以 Ag 纳米粒子具有良好的尺寸分布和尺寸跨度为前提。为此，本书在宽尺寸范围内开展对 Ag 纳米粒子非线性吸收和超快动力学尺寸效应的研究，同时开展了非线性折射尺寸效应的研究。这些研究对于完善 Ag 纳米粒子非线性光学性质尺寸效应实验研究体系，补充 Ag 纳米粒子非线性光学性质尺寸效应研究成果具有现实意义。

（4）充分理解 Ag 纳米粒子光学非线性的机理离不开载流子动力学过程的研究。开展 Ag 纳米粒子超快动力学过程的研究有助于从载流子动力学的角度阐释非线性吸收发生的内在机制。

◆◇ 1.6　本书的主要研究内容

本书从理论推导、数值计算以及实验验证三个角度研究 Ag 纳米粒子非线性吸收、折射的转化过程。用泵浦—探测技术研究 Ag 纳米粒子的超快动力学性质。具体研究内容如下。

第 1 章，绪论。介绍课题研究背景，简述 Ag 纳米粒子及表面等离子体共振的相关概念，简述了非线性光学的理论基础、基本现象和相关应用，综述 Ag 纳米粒子的非线性吸收、非线性折射以及超快动力学过程的研究现状，介绍本书研究的目的、意义以及内容。

第 2 章，实验装置与方法。介绍 Z-scan 原理、实验装置及数据处理的理论基础，介绍时间分辨泵浦–探测技术的实验原理、装置和理论基础。

第 3 章，Ag 纳米粒子非线性吸收转化研究。研究 Ag 纳米粒子非线性吸收波长相关和能量相关的一次转化过程；研究 Ag 纳米粒子能量相关的非线性吸收的二次转化过程，针对不同的非线性吸收系数模型，通过数值计算分析了不同能量下可能发生的非线性吸收的行为，证明了理论研究的正确性。

第 4 章，Ag 纳米粒子非线性折射转化研究。理论推导发生五阶非线性折射时高斯光束轴上相移的表达式以及闭孔 Z-scan 测试时归一化透射率的表达式，数值计算证明了能量影响下非线性折射可以发生的转化过程。

第 5 章，Ag 纳米粒子非线性吸收和折射的尺寸效应。利用开孔 Z-scan 技术研究 Ag 纳米粒子非线性吸收的尺寸效应，理论计算相关的光学参数，并对不同尺寸的纳米粒子非线性吸收性质的差异从能带和电子跃迁角度进行解释；利用闭孔 Z-scan 技术研究 Ag 纳米粒子非线性折射的尺寸效应，选择适当的理论模型计算非线性折射的物理参数，从热电子机制和热效应两个角度解释非线性折射尺寸效应的内部机理。

　　第 6 章，Ag 纳米粒子超快动力学过程研究。利用白光泵浦–探测技术研究不同泵浦功率下 Ag 纳米粒子载流子动力学过程和弛豫寿命，研究不同探测波长对弛豫寿命的影响，研究 Ag 纳米粒子超快动力学过程的尺寸效应，用单波长泵浦–单波长探测技术研究探测波长为 800 nm 时的 Ag 纳米粒子超快动力学过程。

　　最后，对课题的研究内容进行总结。

第 2 章　实验装置与方法

◆ 2.1　引言

自激光问世以来，人们发现许多材料在强光作用下都会表现出光学非线性，因此，研究者开始致力于探索一些方便有效的测试方式来研究材料的光学非线性。光学非线性测量发展至今，出现了多种材料非线性光学性质的测量方法。其中，Z-scan 测试方法具有光路搭建简单、测试灵敏度较高，并且从实验结果可以定性地获得材料的光学非线性性质等诸多优点。该测量方法是 Sheik-Bahae 等人[77] 于 1990 年提出的，其实质是一种基于光学克尔效应的自相位调制原理的测试方法。利用该方法仅通过一次测量就可以同时得到材料的非线性吸收和非线性折射的实验数据。Z-scan 测量分为开孔 Z-scan 和闭孔 Z-scan 两种，开孔 Z-scan 用来研究材料的非线性吸收，而闭孔 Z-scan 用来研究材料的非线性折射。

强光作用于物质会激发物质的光学非线性性质。在物质与光的作用过程中，物质内部的光生载流子的弛豫过程、弛豫时间及其微观机制对于指导非线性光学材料的应用具有重要意义。随着激光技术的不断发展，以超快激光为主要手段的时间泵浦–探测技术也得到了巨大发展。

光与物质作用一般会经历四个过程，如图 2-1 所示。第一个过程是物质表面的自由电子受到光的辐照进入非热平衡状态，第二个过程是能量通过电子–电子散射进行能量分配，第三个过程是通过电子–声子的散射过程进行能量交换，最后一个过程是能量通过声子–声子的耦合进入周围介质最终恢复平衡。从弛豫时间上看，前两个过程持续时间很短，分别是十几飞秒和 100 飞秒左右。后两个弛豫过程寿命相对较长，分别在 1 皮秒和几十皮秒量级[78]。由于强光激发下载流子的这些弛豫过程均在飞秒、皮秒量级，为了探测弛豫过程的细节，须采用超快激光进行实验。飞秒激光的应用使得实验探测电子–声子以及声子–声子的耦合过程得以实现。但是由于电子–电子的能量耦合过程太快，使用飞秒激光脉冲仍不能对其进行实验探测。

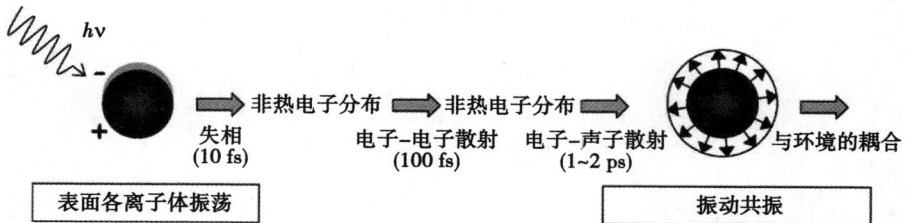

图 2-1　光与物质作用的弛豫过程[78]

◆◇ 2.2　Z-scan 测量装置

Z-scan 测量的实验装置如图 2-2 所示。其中，激光器（Laser）用于产生实验所需的脉冲激光。可变衰减片（Variable Attenuator）用于控制入射到样品的光强。经过衰减片后的脉冲激光被聚焦透镜（Lens）聚焦后照射到样品上。样品盛放在比色皿中置于电控平移台上。电控平移台通过计算机编程控制可以在激光束的传输方向上移动。将激光束的传输方向规定为 z 轴，将透镜聚焦后激光束聚焦焦点规定为 $z=0$。样品在 $z=0$ 前后移动过程中，样品位置作为自变量（实验数据的横轴），探测器探测到的结果作为因变量（实验数据为纵轴）。光在样品中传输后的透射光被分束片分为两束，一束直接进入探测器 OA，用来测量样品的非线性吸收；另一束光通过探测器 CA 前面的小孔后进入探测器 CA，用以进行非线性折射的测量。把探测器前没有小孔的测量叫开孔（OA）Z-scan，探测器前有小孔的测量叫闭孔（CA）Z-scan。

通过观察样品在透镜焦点附近对光吸收的变化情况可以定性判断材料的非线性光学性质。常见的开孔 Z-scan 测试结果如图 2-3 所示。如果激光的强度没有使样品表现出明显的光吸收非线性，即材料对光的吸收是线性的，不随光强的变化而改变，那么光经过样品后，透射率将不发生变化，体现在透射率曲线上是一条平直的直线。而当光强激发出材料的非线性光学性质

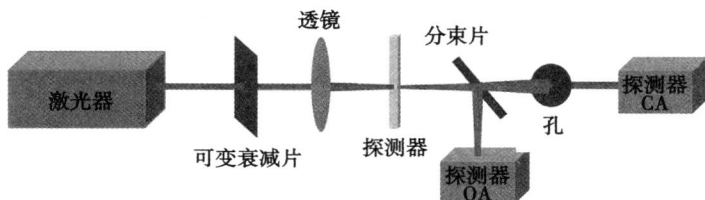

图 2−2　Z-scan 测量的实验装置图

时，透射率将会随着光强的变化而发生变化。当样品对光的吸收程度随光强的增加而降低时，样品越靠近焦点对光的吸收程度越小，透射率越大，体现在透射率曲线上是在 $z=0$ 处会出现一个峰，这种非线性吸收称作饱和吸收，如图 2−3(a) 所示。反之，当样品对光的吸收程度随光强的增加而增大时，越靠近 $z=0$ 透射率越小，体现在透射率曲线上是在 $z=0$ 处会出现一个谷，这种非线性吸收称作反饱和吸收，如图 2−3(b) 所示。

　　实验中开孔 Z-scan 和闭孔 Z-scan 同时进行，将闭孔 Z-scan 和开孔 Z-scan 的实验数据相除即可得到材料纯非线性折射数据。当材料的非线性折射符号为正时，在远离 $z=0$ 的位置非线性折射很小，光经过样品后位相不变，此时透过小孔的相对透射率基本恒定。样品接近 $z=0$ 的位置，光强的增加导致折射率的变化，使样品对光产生聚焦效应，使激光提前聚焦在 $z=0$ 之前，导致

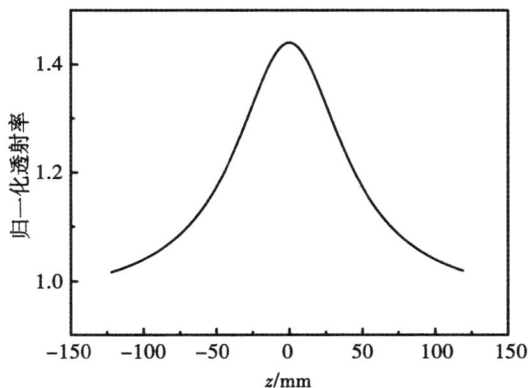

(a) 饱和吸收

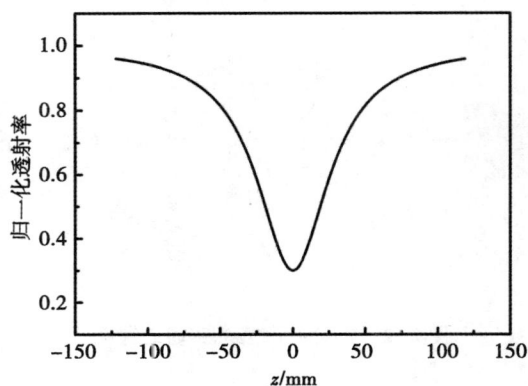

（b）反饱和吸收

图 2-3　开孔 Z-scan 曲线

远场光束变宽，通过远场小孔的透射率减少，在闭孔 Z-scan 曲线上表现为 z = 0 前透射率产生一个谷，样品通过 z = 0 的位置逐渐远离的情况与逐渐靠近的情况刚好相反。因此，在闭孔 Z-scan 曲线上表现为前谷后峰的形状，如图 2-4（a）所示。当材料的非线性折射符号为负时，在远离 z = 0 的位置非线性折射很小，此时透过小孔的相对透射率也基本恒定。样品接近 z = 0 的位置，光强增加导致折射率变化，使样品对光产生散焦效应，使激光延后聚焦在 z = 0 之后，导致远场光束变窄，通过远场小孔的透射率增加，在闭孔 Z-scan 曲线上表现为 z = 0 前透射率产生一个峰。样品通过 z = 0 的位置逐渐远离的情况与逐渐靠近的情况刚好相反。因此，在闭孔 Z-scan 曲线上为前峰后谷的形状，如图 2-4（b）所示。

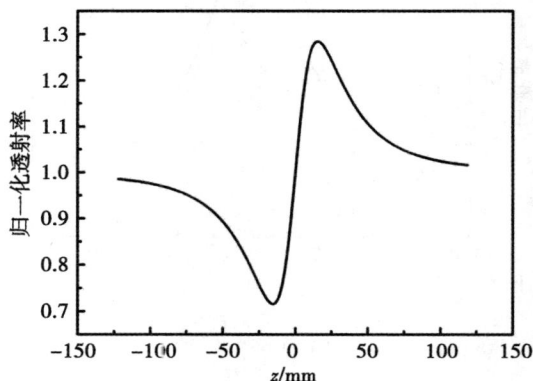

（a）自聚焦

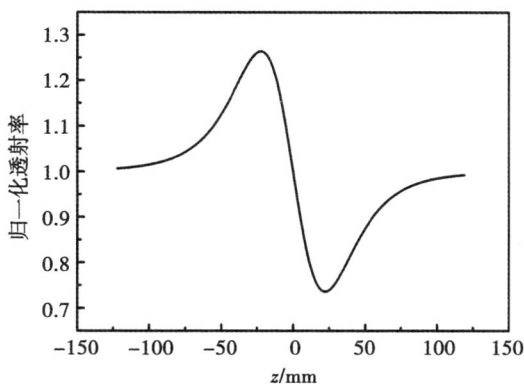

（b）自散焦

图 2-4　闭孔 Z-scan 曲线

◆◇ 2.3　时间分辨泵浦–探测技术

2.3.1　时间分辨泵浦–探测实验装置

泵浦–探测技术的理论依据是交叉相位调制光学克尔效应，换言之，泵浦–探测技术是交叉相位调制光学克尔效应的一种应用。交叉相位调制的基本原理如图 2-5 所示。两束光先后作用于材料，其中一束能量较强的脉冲光作为泵浦光先照射到材料上，用于激发材料的光学非线性；另一束光光强较弱，作为探测光，用来探测泵浦光激发后材料对光的响应。通过调整泵浦光与探测光到达材料的时间差，就可以得到泵浦光激发后不同时刻材料对光的响应情况，从而实验测得材料非线性光学响应随时间的变化曲线。

根据泵浦光和探测光的波长可将泵浦探测技术分为单波长泵–单波长探和单波长泵–白光探两种。单波长泵–单波长探是指泵浦光和探测光均是单一波长的激光。而单波长泵–白光探指的是泵浦光是单一波长的激光，而探测光是超连续白光。两种方法各有优缺点。但因单波长泵–白光探可以任意提取泵浦光作用后材料对任意波长光的响应，因此，本研究采用单波长泵–白光探的实验手段，这种方法被称作白光泵浦探测技术，也叫白光瞬态吸收

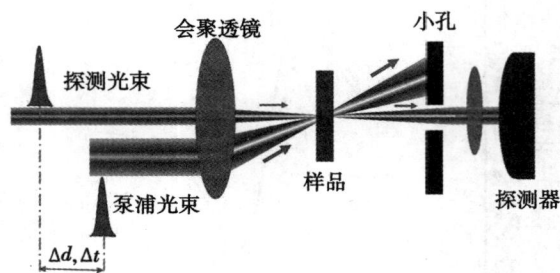

图 2-5　交叉相位调制原理[79]

技术。

　　飞秒白光泵浦探测实验装置如图 2-6 所示。用锁模钛蓝宝石激光器（型号：Mira 900，Coherent）进行瞬态吸收测量，激光器提供波长为 800 nm、频率为 1000 Hz、激光脉冲宽度为 130 fs 的飞秒激光。激光器输出的脉冲被分束

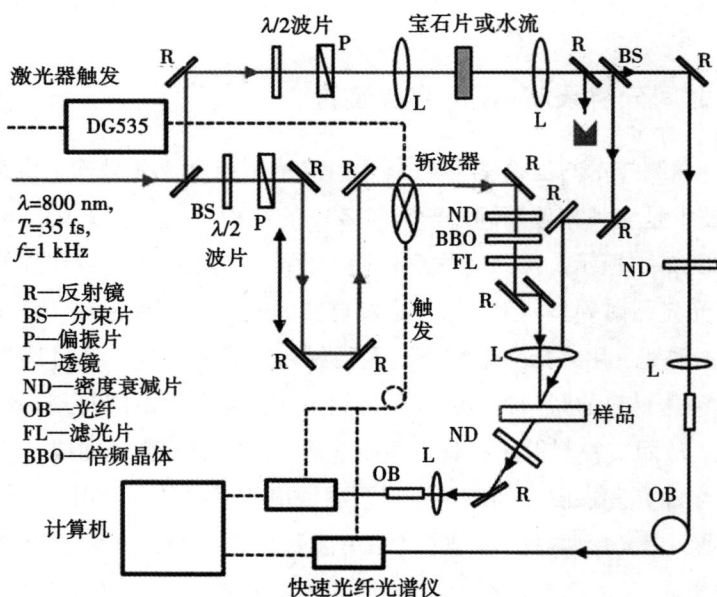

图 2-6　飞秒白光泵浦探测实验光路图[79]

片 BS 分成较强的部分（B_{pump}）和较弱的部分（B_{prode}），两部分光强之比为
7∶3。B_{pump} 通过半波片、偏振片后进入延时线，在斩波器的作用下频率由
1000 Hz 变为 500 Hz，随后在倍频晶体 BBO 的作用下变成 400 nm 波长的泵
浦光束。接下来经过滤光片将残留的 800 nm 的光滤除后，再经过多个反射
镜和会聚透镜将光会聚至样品。注意，进行 800 nm 泵浦光的瞬态吸收测量
时将斩波器去掉即可。B_{prode} 经反射镜反射以及透镜聚焦至蓝宝石激发其产生
超连续白光作为探测光束。探测光束也通过分束片 BS 分为两部分。其中一
部分被聚焦并照射到样品（$B_{prode-signal}$），通过样品的透射光作为信号光束发射
到光谱仪中。另一部分白光作为参考光束直接进入光谱仪（$B_{prode-reference}$）。通
过将信号光与参考光 $B_{prode-signal}$ 和 $B_{prode-reference}$ 进行比较，可以得到穿过样品的
白光的光谱变化。

2.3.2 泵浦-探测实验数据分析理论

在瞬态吸收测量中，光强经样品后透过率 T 被定义为：

$$T = \frac{I}{I_0} \times 100\% \tag{2-1}$$

式中，I_0 和 I 为辐照样品前后的光强。

吸光度（optical density，OD）A 被定义为：

$$A = \lg \frac{I_0}{I} = \varepsilon l c \tag{2-2}$$

式中，ε——摩尔吸收系数；

l——样品厚度；

c——样品浓度。

样品被泵浦光激发后的吸光度与被泵浦光激发前的吸光度差值 ΔA 定义
为：

$$\Delta A = A_{pump-on} - A_{pump-off} \tag{2-3}$$

式中，$A_{\text{pump-on}}$——泵浦光激发后样品的吸光度；

$A_{\text{pump-off}}$——泵浦光激发前样品的吸光度。

整理式(2-2)和式(2-3)可得：

$$\Delta A = \left(\lg\frac{I_0}{I}\right)_{\text{pump-on}} - \left(\lg\frac{I_0}{I}\right)_{\text{pump-off}} \tag{2-4}$$

显然，未被泵浦和泵浦情况下激发光强是相等的，即$(I_0)_{\text{pump-on}} = (I_0)_{\text{pump-off}}$，则式(2-4)可以写成[80]：

$$\Delta A = \lg\frac{I_{\text{pump-off}}}{I_{\text{pump-on}}} \tag{2-5}$$

实验时，通过调整泵浦光与探测光到达实验样品的时间差就可以测得不同波长、不同延迟时间下的ΔA。

◆◇ 2.4　本章小结

本章介绍了 Z-scan 测量技术的原理、装置以及装置中各部分的功能，为研究 Ag 纳米粒子非线性光学吸收和折射提供了实验技术支撑。此外，还介绍了泵浦-探测技术的装置、各部件的功能以及实验数据分析原理，为研究强光作用下 Ag 纳米粒子内部载流子动力学过程奠定了实验基础。

第3章 Ag纳米粒子非线性吸收转化研究

◆◇ 3.1 引言

强光与物质作用会激发物质的非线性光学性质，非线性吸收是非线性光学性质的重要部分。基于材料非线性吸收的应用十分广泛[81-83]，例如基于材料饱和吸收性质的锁模技术[84-85]、基于材料双光子吸收的光限幅技术[86-87]等。贵金属纳米粒子在特定波长附近具有很强的非线性光学性质和超快的响应速度[57, 60, 88]，因此在光电子器件中得到广泛应用。由于Au和Ag纳米材料在可见光波段都表现出很强的表面等离子体共振吸收，因此它们受到了广泛关注[89-96]。

金属纳米材料特有的表面等离子体共振产生的局域电场增强可以有效提高金属纳米材料的光学非线性[97-99]。针对金属纳米材料的非线性吸收已经有大量研究[97, 100-104]。现有的研究表明，激发光的波长和强度可以引起材料非线性光学性质的改变。尤其是光强增强引起的非线性吸收由单光子吸收向双光子吸收甚至多光子吸收转化，这可以直接导致材料的非线性吸收性质由饱和吸收变为反饱和吸收。事实上，非线性吸收也可以表现出复杂的转化过程。例如，Reyna等人[66]研究了Ag-29纳米团簇的非线性吸收性质。研究结果表明，在高入射强度和低浓度之间平衡的情况下线性的单光子吸收（1PA）和非线性双光子吸收（2PA）都可以发生饱和。Oliveira等人[69]在研究金纳米棒的非线性性质时也观察到了双光子吸收的饱和。两个课题组都应用含有双光子吸收饱和的非线性吸收系数模型描述双光子吸收饱和过程，并对该过程的产生机制进行了解释。其实，Ag纳米粒子在某些激发条件下也可

41

以表现出复杂的非线性吸收特性,这对于基于饱和吸收或反饱和吸收的应用有重要意义。

本章以开孔 Z-scan 测量技术为实验手段,研究 Ag 纳米粒子在不同的激发波长、激光能量下非线性吸收的演变过程,从理论角度介绍激发光强对非线性吸收性质的影响,从能带和电子跃迁角度阐释非线性吸收行为产生的内在机制。

◆ 3.2　Ag 纳米粒子多波长激发下非线性吸收的一次转化

Ag 纳米粒子的非线性吸收受多种因素的影响,主要外因有激发光的波长、能量、脉冲宽度等,通常考虑的内因有如 Ag 纳米粒子的形状、尺寸、结构等。贵金属纳米粒子具有独特表面等离子体共振局域场增强效应,Ag 纳米粒子是一种重要的贵金属纳米材料,它的表面等离子体共振区与带间跃迁明显分离,这将导致 Ag 纳米粒子的非线性吸收受激发波长的影响,因此,本节将研究 Ag 纳米粒子非线性吸收性质与波长的关系。

用开孔 Z-scan 技术对样品进行扫描以探究其非线性吸收特性。使用的激光器为 Nd∶YAG 纳秒激光器(Surelite Ⅱ, Continuum, Santa Clara, CA, USA),基频光波长为 532 nm。为了产生可调谐波长,实验时使用了光学参量振荡器(OPO),通过软件控制光学参量振荡器改变激光波长。为了降低热效应带来的影响,实验时将激光器重复频率设置为 10 Hz。盛装样品的比色皿厚度为 2.0 mm,用衰减片控制输入激光的能量分别为 200,300,650 和 1380 μJ。在实验之前用酒精对比色皿进行清洗,以防杂质污染,并用擦镜纸将比色皿表面擦拭干净。然后用胶头滴管吸取样品滴入比色皿中并将其固定在操作台上,用 LabVIEW 软件对操作台进行控制,使样品可以沿光束方向正向、反向运动。在此条件下,测量了不同脉冲能量以及不同波长下的 Ag 纳米粒子样品的透过率。

为了表征实验用到的 Ag 纳米粒子的形貌和尺寸,用 TEM 对样品进行了表征,得到的 TEM 图像如图 3-1(a)所示。从 TEM 图像可以看出 Ag 纳米粒子呈现球形,其平均粒径约为 40 nm。为了获得样品的线性吸收特性,用紫外-可见分光光度计测量了样品的线性吸收谱,如图 3-1(b)所示。从吸收光谱可以看出,样品在 407 nm 处有一个很强的吸收峰,该强吸收峰是 Ag 纳米粒子的表面等离子体共振效应的结果[105-107]。

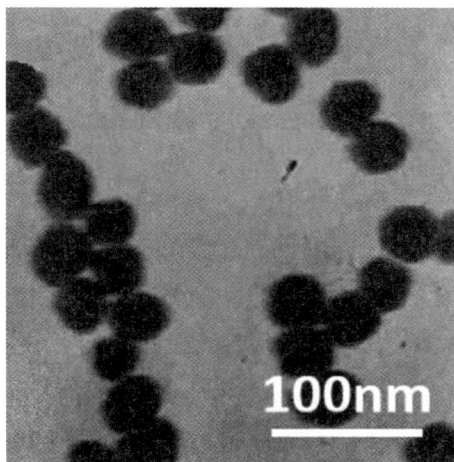

(a)Ag 纳米粒子的 TEM 图

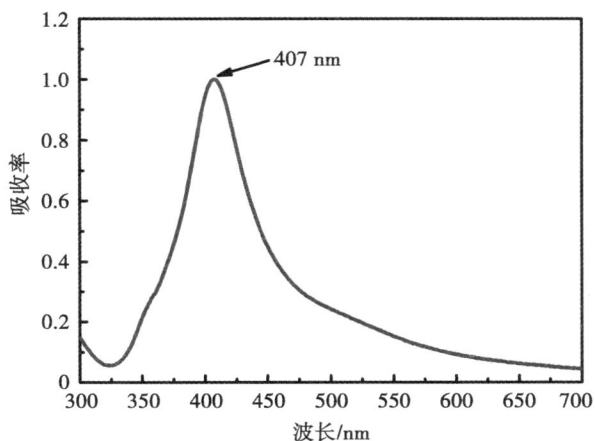

(b)Ag 纳米粒子的线性吸收光谱

图 3-1　Ag 纳米粒子的表征

3.2.1 Ag 纳米粒子宽带饱和吸收特性

为了研究 Ag 纳米粒子宽带非线性吸收特性,用激光器外置的连续可调衰减片调整能量为 200 μJ(高斯光束聚焦焦点处的峰值光强为 9.57×10^{12} W/m²),通过软件控制光学参量振荡器产生以 25 nm 为步长的 525~625 nm 波段内的五个波长的激光辐照样品。得到的开孔 Z-scan 测量结果如图 3-2 所示。从中可以发现,在能量固定为 200 μJ 不变,改变激发光波长的条件下,Ag 纳米粒子的归一化透射率曲线在 $z = 0$ 处有一个峰,这表明非线性吸收始终保持饱和吸收特性,并且除了 575 nm 外[见图 3-2(c)],波长增加导致归一化透射率峰的降低。为了定量地描述这一系列的饱和吸收特性,需要使用下面的非线性吸收系数模型对实验数据进行处理[108-109]:

$$\alpha(I) = \frac{\alpha_0}{1 + (I/I_s)} \qquad (3-1)$$

式中,α_0——样品的线性吸收率;

I——激发光强;

I_s——饱和光强。

拟合后的理论曲线如图 3-2 中的实线所示,通过理论计算得到的各波长激发下的饱和光强等信息整理列于表 3-1 中。同时将饱和光强 I_s 与激发波长的关系绘制成图像,如图 3-2(f)所示,可以发现,随着激发波长的增加,饱和光强逐渐增加。将样品的线性透射率与波长的关系合并分析,可以发现饱和光强与线性透过率变化趋势相同。

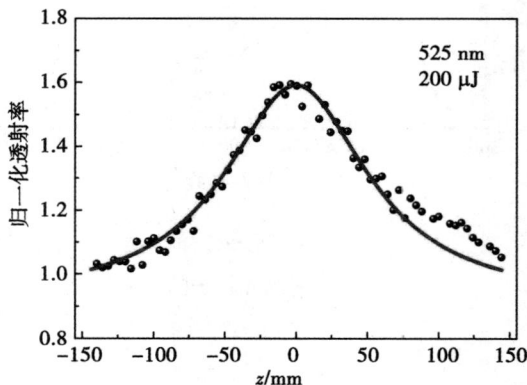

(a)525 nm

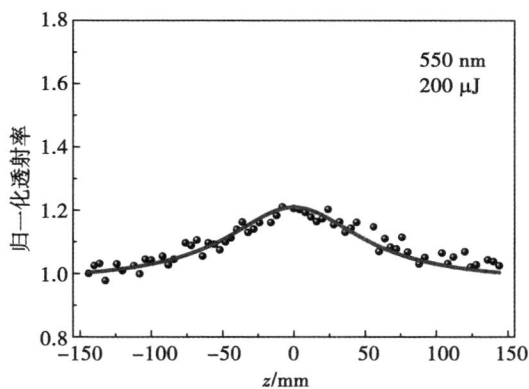

（b）550 nm

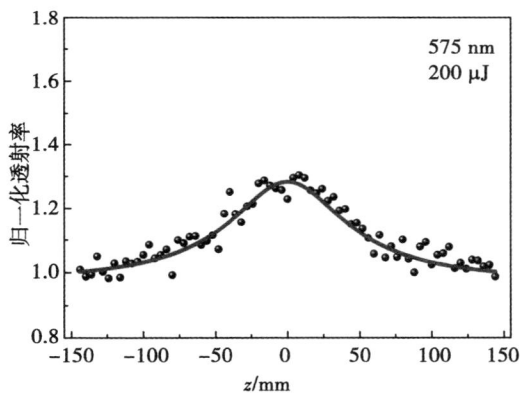

（c）575 nm

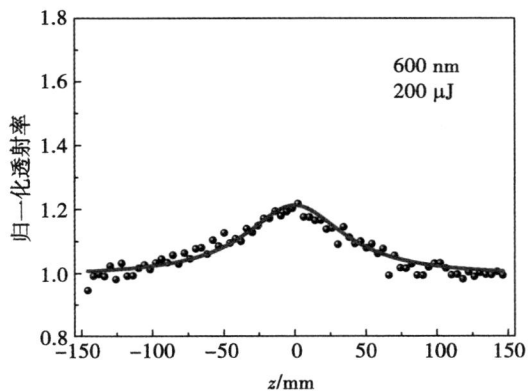

（d）600 nm

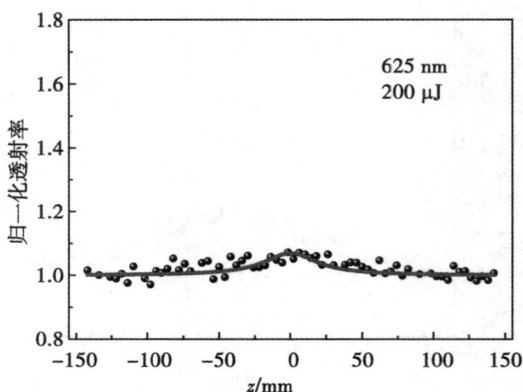

（e）625 nm

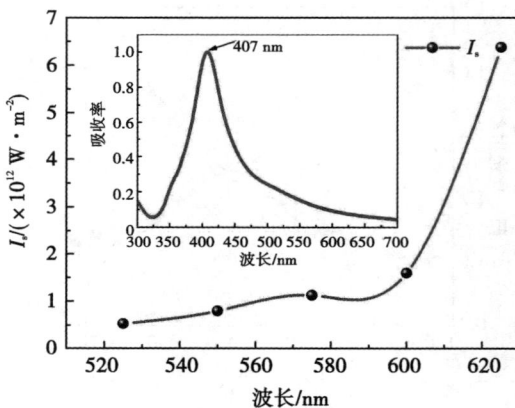

（f）样品饱和光强 I_s 与波长的关系，插图是线性吸收谱

图 3-2　激光能量为 200 μJ 时 Ag 纳米粒子在不同波长作用下的开孔 Z-scan 实验数据

表 3-1　能量为 200 μJ 时 Ag 纳米粒子的光学参数

激发波长/nm	T_0	$I_s/(\times 10^{12}\,\text{W}\cdot\text{m}^{-2})$
525	48.7%	0.53
550	77.1%	0.80
575	70.5%	1.13
600	77.3%	1.60
625	86.9%	6.38

接下来增加光的能量，进一步探究 Ag 纳米粒子的非线性光学性质与激发光波长的关系。通过衰减片控制激发光能量为 300 μJ（高斯光束聚焦焦点处的峰值光强为 14.35×10^{12} W/m^2），与 200 μJ 的实验过程类似，使用 OPO 产生波长为 525，550，575，600 和 625 nm 五个波长的激光辐照样品，得到的开孔 Z-scan 测量结果如图 3-3（a）~（e）中的散状实点所示。理论拟合后的曲线如图 3-3（a）~（e）中的实线所示，计算获得的饱和光强等数据如表 3-2 所示，同时绘制了饱和光强与激发波长的关系如图 3-3（f）所示。从图中可以看出，实验结果与 200 μJ 时十分类似。

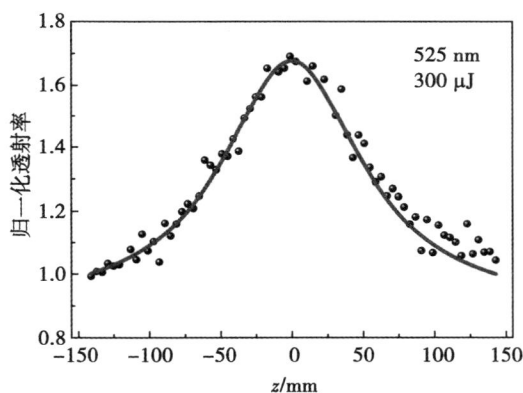

（a）525 nm

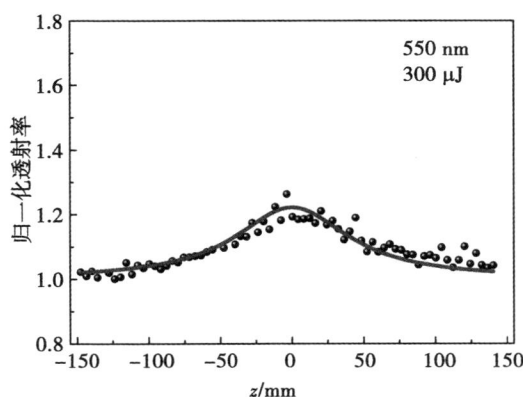

（b）550 nm

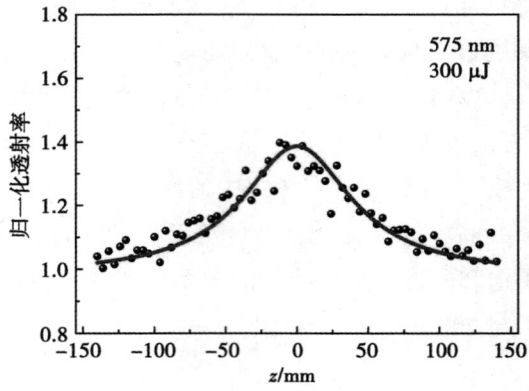

（c）575 nm

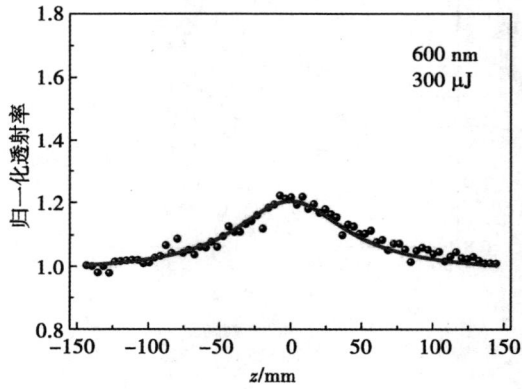

（d）600 nm

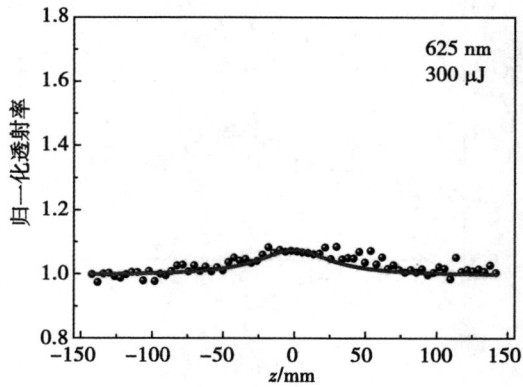

（e）625 nm

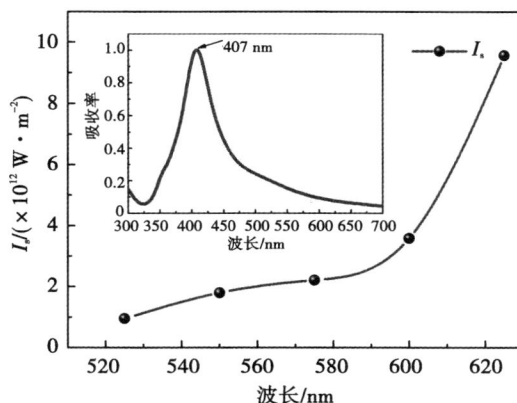

(f)样品饱和光强 I_s 与波长的关系,插图是线性吸收谱

图 3-3　激光能量为 300 μJ 时 Ag 纳米粒子在不同波长作用下的开孔 Z-scan 实验数据

表 3-2　能量为 300 μJ 时 Ag 纳米粒子的光学参数

激发波长/nm	T_0	$I_s/(\times 10^{12}\,\text{W}\cdot\text{m}^{-2})$
525	42.7%	0.96
550	77.9%	1.79
575	62.5%	2.21
600	75.6%	3.59
625	85.2%	9.57

　　通过以上两种能量下的研究,发现激发能量从 200 μJ 增加到 300 μJ,实验结果甚至实验结论都十分相似。继续增加激光能量为 650 μJ(高斯光束聚焦焦点处的峰值光强为 31.1×10^{12} W/m²),波长仍然为 525,550,575,600 和 625 nm 五个波长。得到的开孔 Z-scan 测量结果和数据拟合曲线如图 3-4 (a)~(e)所示。将该能量下的光学参数整理于表 3-3 中,饱和光强和波长的关系如图 3-4(f)所示。

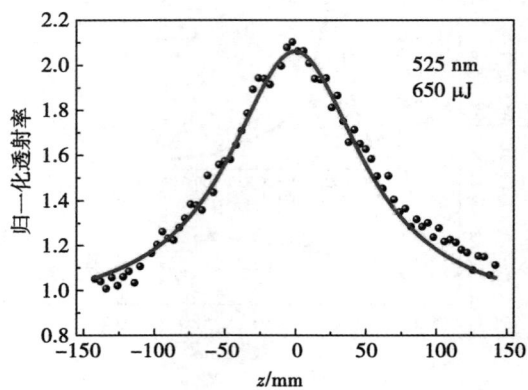

（a）525 nm

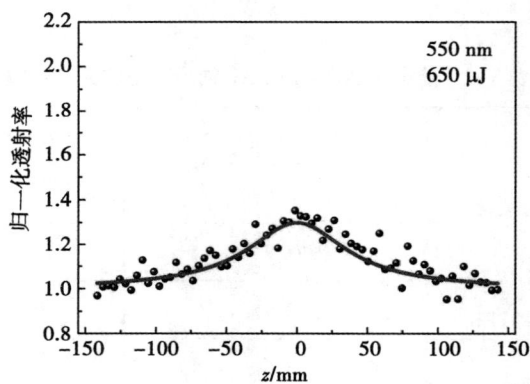

（b）550 nm

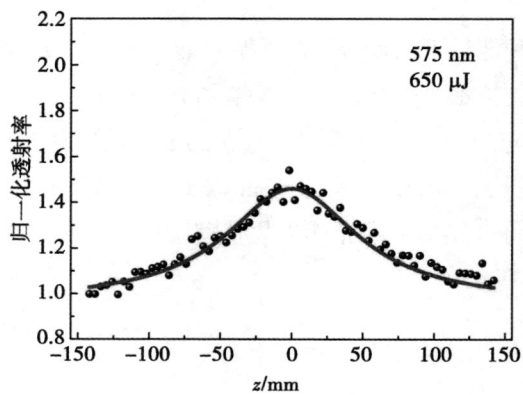

（c）575 nm

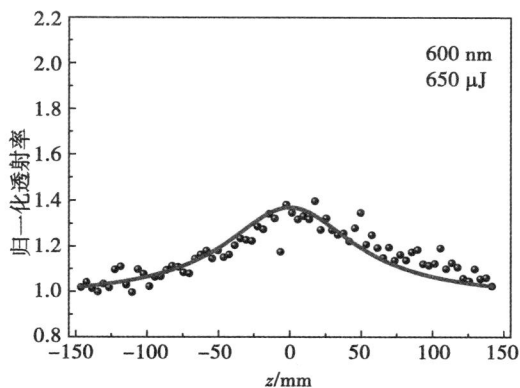

(d) 600 nm

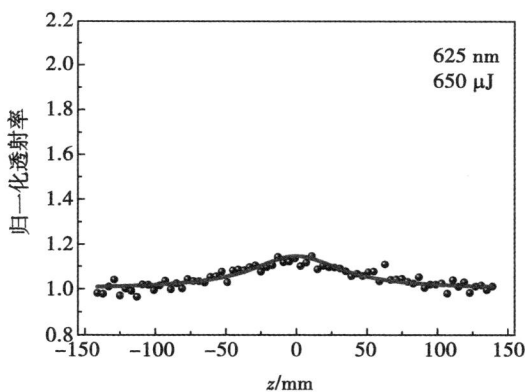

(e) 625 nm

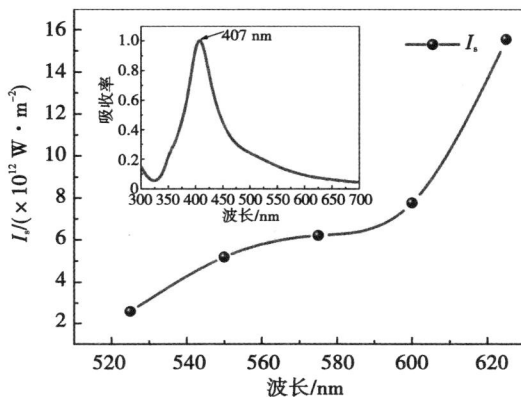

(f) 样品饱和光强 I_s 与波长的关系，插图是线性吸收谱

图 3-4　激光能量为 650 μJ 时 Ag 纳米粒子在不同波长作用下的开孔 Z-scan 实验数据

表 3-3　能量为 650 μJ 时 Ag 纳米粒子的光学参数

激发波长/nm	T_0	$I_s/(\times 10^{12}\text{W} \cdot \text{m}^{-2})$
525	30.2%	2.59
550	70.5%	5.18
575	54.9%	6.22
600	60.7%	7.78
625	80.2%	15.55

对比以上三个实验的结果发现，当激发波长从 525 nm 增加至 625 nm，透射率曲线峰逐渐降低，甚至在 625 nm 时，透射峰逐渐平坦，即随着激发波长的增加，样品的非线性吸收逐渐减弱。与样品的线性吸收谱对比分析可以发现，Ag 纳米粒子表面等离子体共振峰位于 407 nm 附近，而实验激发波长远离共振峰，这样造成的直接后果就是不能很好地利用金属纳米粒子表面等离子体共振的局域场增强效应激发金属纳米粒子的非线性行为。

通过以上三种能量不同波长下对 Ag 纳米粒子非线性吸收性质的研究，可以得出以下结论：Ag 纳米粒子的非线性吸收性质与激发波长有关，当能量一定时，激发波长离表面等离子体共振峰位置越远，激发表面等离子体共振的效率越低，促使 Ag 纳米粒子表现非线性吸收行为所需的光强就越高，即在远离等离子体共振区的波段内，随着波长的增加，非线性吸收的饱和光强越大，这与表面等离子体共振局域场增强效应相关。

接下来对实验中产生的饱和吸收的内在机制进行阐述。图 3-5 是 Ag 纳米粒子能带结构示意图。Ag 纳米粒子的光学性质由 d 带中的局部最外电子和 s-p 导带中的准自由电子决定。d 带在 k 空间中很平坦并且位于费米能级以下约 4 eV，位于 d 带的电子具有相对大的有效质量，其仅在激励足够强时才影响跃迁概率。而 s-p 带非常不均匀，与 k 空间某些区域的费米能级相交，位于 s-p 带的电子具有非常接近自由电子的有效质量，因此，s-p 带的电子很容易受入射光的影响[54]。因此在外加电场的条件下，s-p 带的自由电子从基态跃迁至激发态，使基态电子数减少（图 3-5 中的①过程）。当样品逐渐移向光束焦点，光通量逐渐增加，基态电子不断跃迁至激发态，基态电子数目急剧减少导致基态电子对入射光的吸收能力下降，从而使透射率增加，这个过程通常被称为基态等离子体漂白。因此导致了样品对光的饱和吸收，这个饱和吸收的过程称为单光子吸收的饱和过程。

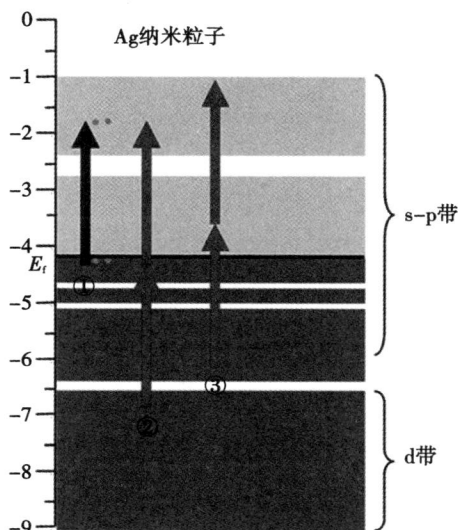

图 3-5 Ag 纳米粒子的能带结构示意图

3.2.2 多波长激发下 Ag 纳米粒子非线性吸收一次转化

进一步提高激发光能量，研究高激发能量下 Ag 纳米粒子的非线性吸收性质。从第 3.2.1 节的研究结论可知，在能量一定且波长远离等离子体共振区时，Ag 纳米粒子的非线性吸收行为会逐渐不明显，所以，波长选择方面靠近等离子体共振区的四个波长，分别为 500，532，550 和 600 nm，激光能量均为 1380 μJ（高斯光束聚焦焦点处的峰值光强为 $66.02×10^{12}$ W/m²），得到的开孔 Z-scan 实验测量结果如图 3-6 所示。可以发现，在 1380 μJ 的情况下，随着波长逐渐接近等离子体共振区，非线性吸收行为从 600 nm 下的饱和吸收逐渐转化为 500 nm 下的饱和吸收和反饱和吸收共存，并且 Z-scan 归一化透射率曲线峰逐渐变高而谷逐渐加深，这也表示激发波长逐渐减小的过程中非线性吸收的光学参数发生了变化。

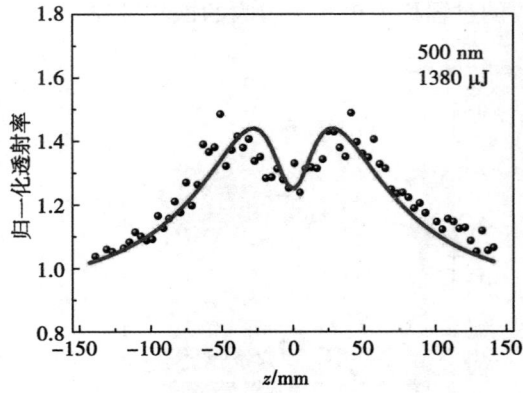

(a)500 nm

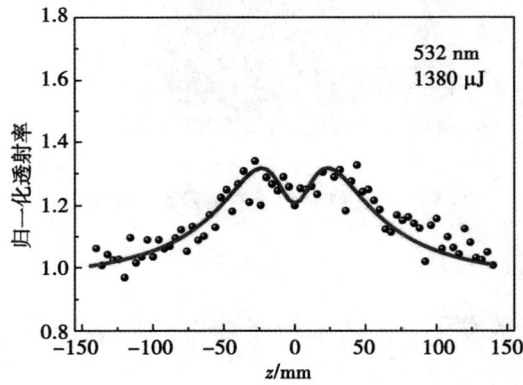

(b)532 nm

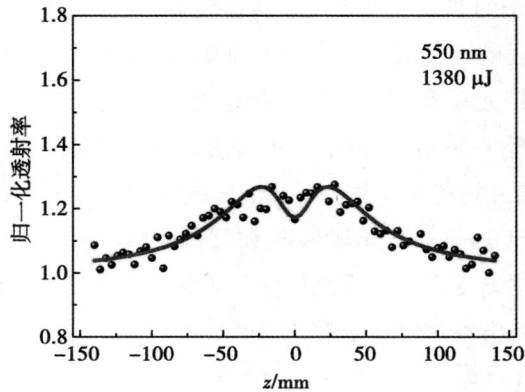

(c)550 nm

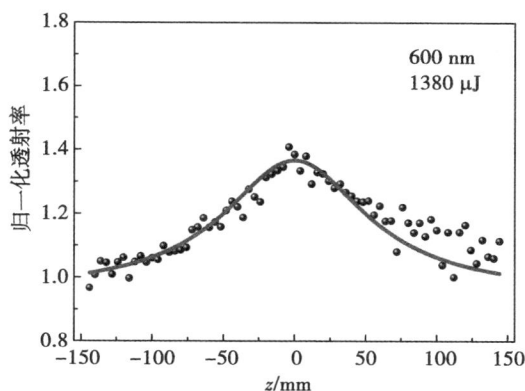

（d）600 nm

图 3-6　激光能量为 1380 μJ 时 Ag 纳米粒子在不同波长作用下的开孔 Z-scan 实验数据

根据图 3-5 中的 Ag 纳米粒子能带结构可以对这种转化行为加以解释。普遍认为 $z=0$ 处的透射率的降低是由于激发态电子吸收光子跃迁至更高激发态导致的（图 3-5 中的③过程）。可以理解为，在光通量不是很大时，s-p带电子吸收光子能量跃迁至第一激发态，随着样品的移动以及光通量增加，在 $z=0$ 前就发生了基态等离子体漂白，这导致了归一化透射率曲线峰形成。样品进一步移动，更高的光通量导致第一激发态电子继续吸收入射光子能量跃迁至高激发态。当然，不能完全排除同时吸收两个光子跃迁到高能态的过程（图 3-5 中的②过程）。也就是说，即便 d 带电子跃迁至 s-p 带需要克服大约 4 eV 的势能，激发波长为 532 nm，吸收单光子的能量显然不能完成带间跃迁。但是，当光强增加，d 带电子可以同时吸收两个光子的能量跃迁到 s-p带，这也会导致样品对光的吸收增加而透射率减少。

同理，对于饱和吸收和反饱和吸收转化的情况，非线性吸收系数模型用如下公式描述[110-111]：

$$\alpha(I)=\frac{\alpha_0}{1+(I/I_s)}+\beta I \tag{3-2}$$

式中，β——双光子吸收系数。

实验数据处理后得到的理论曲线如图 3-6 中的实线所示，Ag 纳米粒子的光学参数列于表 3-4 中。

表 3-4　能量为 1380 μJ 时 Ag 纳米粒子的光学参数

激发波长/nm	$I_s/(\times 10^{12}\,\mathrm{W \cdot m^{-2}})$	$\beta/(\times 10^{-12}\,\mathrm{m \cdot W^{-1}})$
500	13.2	4.9
532	26.40	4.8
550	36.68	4.7
600	12.98	—

以表 3-4 中的数据为基础，将饱和光强(I_s)和双光子吸收系数(β)与波长的关系绘制在图 3-7 中(因为波长 600 nm 的非线性吸收与其余三个波长下不同，因此对于 600 nm 的光学参数不与这三个波长下的作对比分析)。可以发现，在高激发能量下，随着激光波长远离等离子体共振区，饱和光强的变化趋势与第 3.2.1 节的结论一致，即激发光波长增加，饱和光强(I_s)逐渐增加，然而双光子吸收系数(β)逐渐减小，这两个参数共同作用下导致了随着波长的减小，非线性吸收由饱和吸收向反饱和吸收转化。

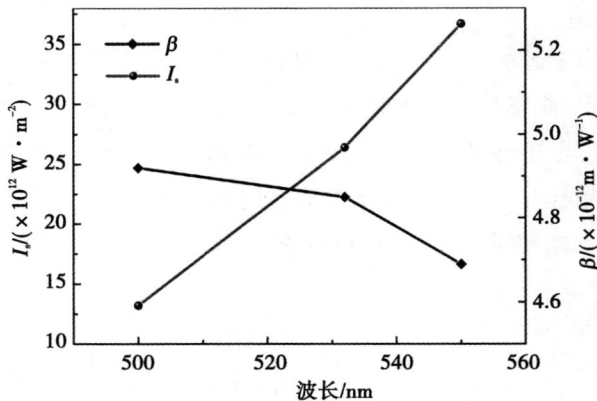

图 3-7　样品的饱和光强(I_s)和双光子吸收系数(β)与波长的关系

通过研究发现，Ag 纳米粒子在远离共振区低能量激光的激发下表现为饱和吸收行为，并且随着波长逐渐靠近共振区，非线性吸收行为越发明显，饱和光强逐渐减小。激光能量提高到一定值可以诱发波长相关的非线性吸收的转化，即激发波长逐渐靠近共振区，非线性吸收由饱和吸收向反饱和吸收转化，并且波长越小，转化行为越明显，饱和光强越小，双光子吸收系数越高。

◆◇ 3.3　Ag 纳米粒子共振波段多能量激发下非线性吸收的一次转化

第 3.2 节的研究表明相同激光能量的前提下接近共振区的激发可以诱导明显的非线性吸收行为，然而并没有进行共振区激发下非线性性质的研究。为了使研究更加全面系统，本节将对 Ag 纳米粒子在共振区激发下的非线性吸收进行研究。

为了研究共振波长下 Ag 纳米粒子的非线性吸收性质，采用飞秒激光作为激励源，由其产生的 800 nm 的光经倍频后波长变为 400 nm，这个波长处在 Ag 纳米粒子的表面等离子体共振峰附近的位置。通过外置于激光器的可变衰减片实现在多个能量下对样品进行开孔 Z-scan 测量[112]。为了避免热累积效应，激光重复频率选择 1 Hz[113]。用焦距为 15 cm 的透镜聚焦后获得束腰半径(ω_0)为 30 μm、瑞利长度(z_0)为 7.1 mm 的高斯脉冲激光。被测样品盛放在厚度(L)为 2 mm 的石英反应皿中进行 Z-scan 测量。

为了观察样品的形貌和尺寸，用透射电子显微镜（TEM）对样品进行了表征，得到 TEM 图像，如图 3-8（a）所示。从 TEM 图像可以看出 Ag 纳米粒子呈现球形，其平均粒径约为 25 nm。用紫外-可见分光光度计测量了样品的线性吸收谱，如图 3-8（b）所示。从吸收光谱可以看出，样品在 403 nm 处有一个很强的表面等离子体共振峰。此外，在短波长波段存在与表面等离子体共振峰明显分离的带间吸收[105-107]。

在 45 nJ 和 90 nJ 两种不同激光能量下的开孔 Z-scan 测量数据如图 3-9（a）和（b）所示。从实验结果可以发现，激光能量为 45 nJ 和 90 nJ 时，实验数据曲线在束腰上是对称的。样品的归一化透过率随激光能量的增加而增

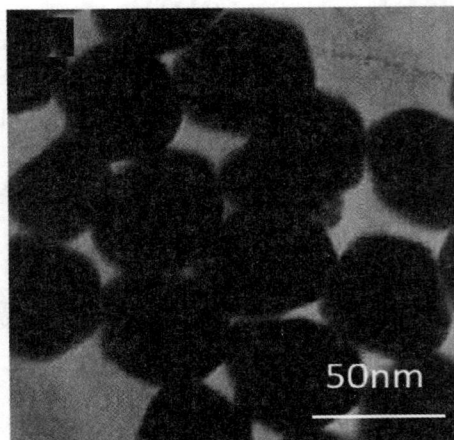

（a）Ag 纳米粒子的 TEM 图

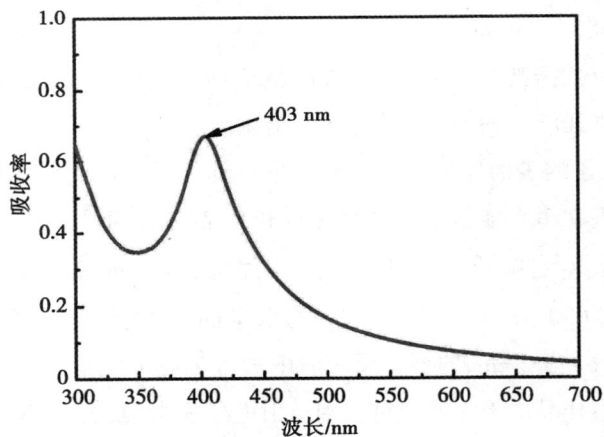

（b）Ag 纳米粒子的线性吸收光谱

图 3-8　Ag 纳米粒子的表征

加，表明样品中发生了饱和吸收[54, 56, 63, 94]。当激光能量增加为 110 nJ 和 150 nJ 时，实验结果如图 3-9（c）和（d）所示，实验曲线呈现出两个峰和一个谷，样品非线性吸收表现出饱和吸收到反饱和吸收的转化[59, 61, 95]。

　　从样品的线性吸收谱可知，Ag 纳米粒子的表面等离子体共振峰位于 403 nm处，而开孔 Z-scan 实验的激光波长为 400 nm，恰好处于样品表面等离子体共振区域内。使 Ag 纳米粒子在激光的作用下表面等离子体共振效应最强，更易于激发样品的非线性光学效应。当 Ag 纳米颗粒向光束焦点移动时，激发光通量的增加使基态电子很快跃迁至第一激发态，导致基态电子数目急剧减少，即发生基态等离子体漂白[56, 63]，此时样品对光的吸收减少而透射率增加，在 Z-scan 实验归一化透射率曲线 $z=0$ 处产生如图 3-9(a)和(b)所示的透射率峰。

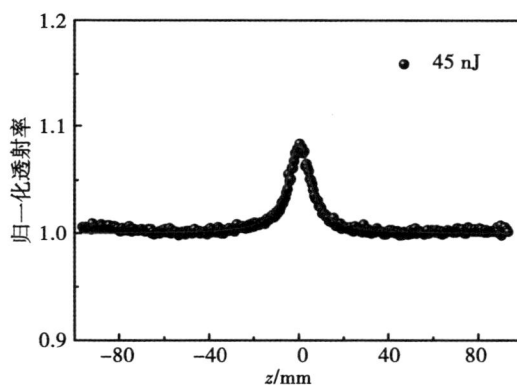

(a)45 nJ

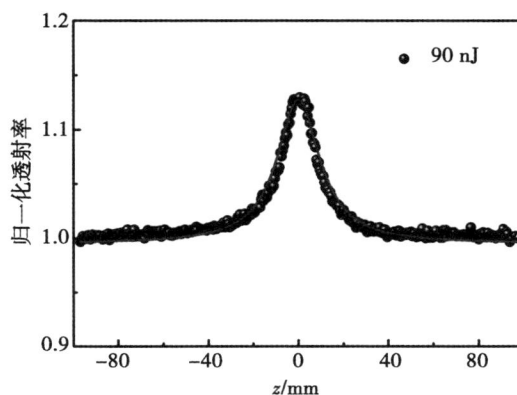

(b)90 nJ

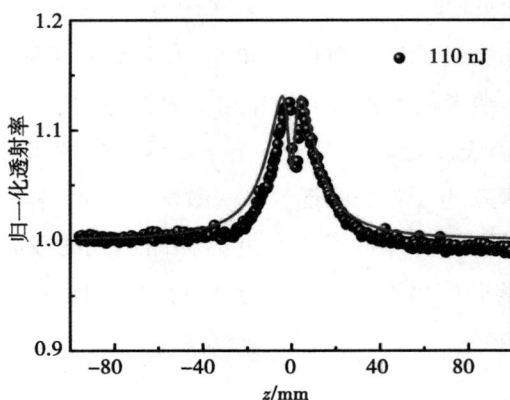

(c) 110 nJ

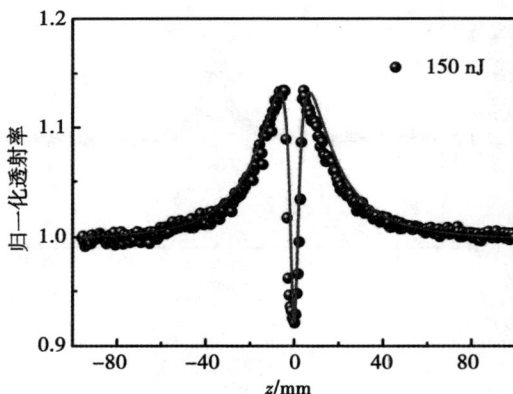

(d) 150 nJ

图 3-9　Ag 纳米粒子的开孔 Z-scan 实验数据(点) 和理论拟合结果(曲线)

　　当激光能量增加为 110 nJ 和 150 nJ 时, 基态等离子体漂白过程提前, 在 $z=0$ 之前就出现透射率峰, 样品继续向聚焦光束焦点处移动, 第一激发态的粒子又会吸收光能量跃迁至更高激发态, 此时, 样品对光的吸收增加而透射率减少, 即发生了反饱和吸收, 因此, 在 Z-scan 实验归一化透射率曲线 $z=0$ 处产生了谷, 如图 3-9(c) 和(d) 所示。另外, Ag 纳米粒子的带间跃迁吸收带约为 320 nm(约 4.0 eV) , 大于 400 nm 的激光波长(约 3.1 eV)[107, 114]。在表面等离子体共振对局域电磁场增强的效应下, 价带电子同时吸收两个光子跃迁至导带的带间跃迁也会发生，也会导致实验观察到反饱和吸收。但必须说明，采用 Z-scan 技术研究材料的非线性吸收性质时，双光子吸收[56, 60, 95]和激发态吸收都能引起反饱和吸收，但这两种过程的具体贡献还不能清晰划分。

　　为了定量描述飞秒激光非共振波长下 Ag 纳米粒子的非线性吸收，仍然使用式(3-2)的非线性吸收模型对图 3-9 所示的实验数据进行拟合。理论拟合的结果曲线如图 3-9 中的实线所示，计算得到的非线性吸收系数和饱和强度列于表 3-5 中。

表 3-5　400 nm 波长激发下 Ag 纳米粒子的光学参数

E/nJ	$I_0/(\times10^{14}W \cdot m^{-2})$	$I_s/(\times10^{13}W \cdot m^{-2})$	$\beta/(\times10^{-13}m \cdot W^{-1})$
45	2.30	3.29	—
90	4.60	2.56	—
110	5.62	4.01	1.16
150	7.67	3.51	1.83

3.4　Ag 纳米粒子非线性吸收的二次转化

　　本节将从实验角度研究不同激光能量下 Ag 纳米粒子非线性吸收的转化。实验用到的 Ag 纳米粒子与第 3.2 节的为同一样品，故此表征不再赘述。

3.4.1　Ag 纳米粒子非线性吸收二次转化实验

　　利用开孔 Z-scan 测量技术研究样品的非线性吸收性质，Z-scan 测量的装置见第 2.2 节。Nd：YAG 激光系统产生的脉冲激光脉宽为 5 ns，重复频率为 10 Hz，波长为 532 nm，脉冲激光被焦距为 20 cm 的透镜聚焦用于激发样品的非线性，聚焦后的脉冲激光传输的方向规定为 z 轴。将 Ag 纳米粒子盛放在 2 mm 厚的石英反应皿中，安放在平移台上，该平移台能以聚焦焦点为中心沿 z 轴往复移动。样品移近焦点时，激光辐照度增加，样品的非线性吸收导致光透射率发生改变。利用光探测器实时测量并记录经样品后透射激光的功率，得到透射光功率和样品位置的关系。通过外置于激光系统的衰减片改变作用于 Ag 纳米粒子的脉冲激光的能量。实验分别是在 20，80，205 和 370 μJ 的能量下进行的。

当光强为 20 μJ（激光峰值辐照度 I_0 为 9.7×10^{11} W/m^2）时，开孔 Z-scan 结果如图 3-10(a) 所示。从中可以发现，激光能量为 20 μJ 时，开孔 Z-scan 的归一化透射率曲线类似草帽样的结构，在 $z=0$ 处有一个归一化透射率峰。这种透射率变化行为通常被认为是基态等离子体漂白引起的饱和吸收[52, 62, 100]。

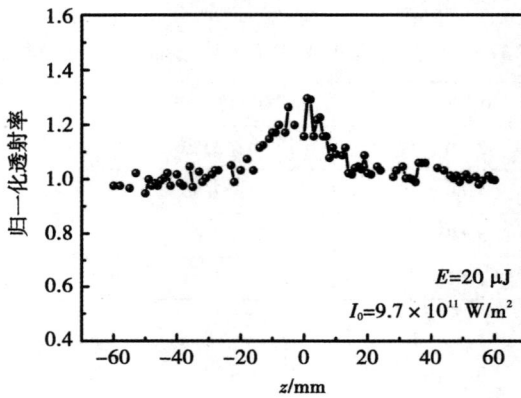

(a)20 μJ

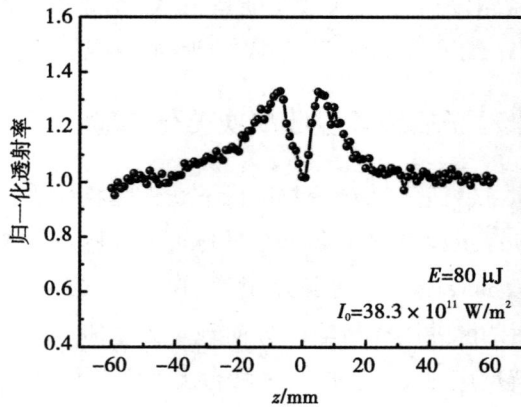

(b)80 μJ

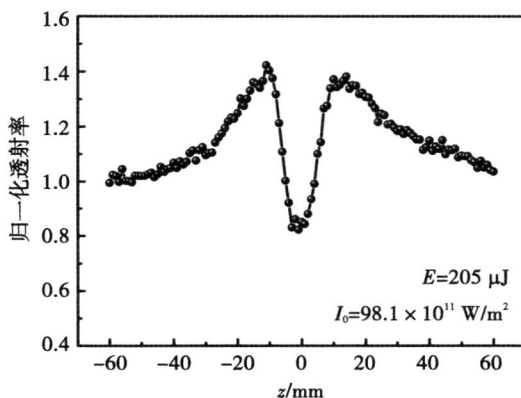

（c）205 μJ

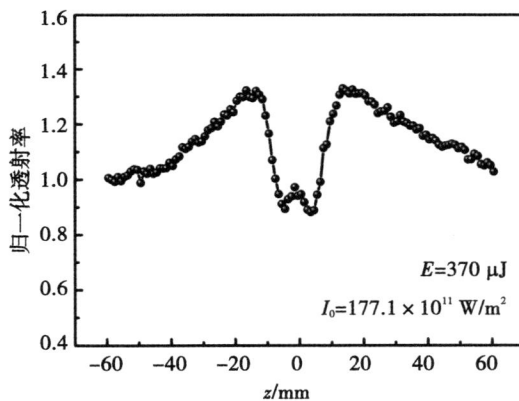

（d）370 μJ

图 3-10　单光子吸收饱和的数据处理结果

　　当激光能量增加为 80 μJ（激光峰值辐照度 I_0 为 38.3×10^{11} W/m^2）时，归一化透射率曲线如图 3-10(b)所示。可以发现，激发能量的增加导致归一化透射率曲线在 $z=0$ 的位置出现了带有两侧对称峰的谷。这清晰地表明样品在移动过程中，随着激光光通量的增加，光的透射率先逐渐增加，在接近 $z=0$ 某一位置时透射率开始减小，在 $z=0$ 时透射率减至最小，发生由饱和吸收向反饱和吸收的转化。

如图 3-10(c)和(d)所示,激光能量增加至 205 μJ 和 370 μJ(激光峰值辐照度 I_0 分别为 98.1×10^{11} W/m^2 和 177.1×10^{11} W/m^2)时,在 $z=0$ 处出现了新峰。也就是说,随着能量的进一步增加,明显发生了非线性吸收的二次转化,即在高激光能量下,Z-scan 的单次测量发生了饱和吸收—反饱和吸收—饱和吸收的复杂的行为。Reyna 等人对 Ag 纳米簇的非线性吸收进行了研究,也发现了类似的二次转化的行为[66]。Reyna 等人认为双光子吸收的饱和导致了透过率曲线 $z=0$ 处的新峰的形成。类似于低能量下的饱和吸收和中等能量下的饱和吸收向反饱和吸收转化,可以从能带结构解释这种行为产生的机制。如前所述,最初的激光通量增加导致等离子体漂白,而通量的进一步增加,激发态吸收和/或双光子吸收导致了由饱和吸收向反饱和吸收的转化。在此必须强调,激发态吸收和双光子吸收无法明确地区分。当激光能量增加到能令大多数第一激发态粒子都跃迁到更高激发态时,将出现类似基态等离子体漂白的第一激发态粒子的漂白现象即双光子吸收的饱和,因此导致了如图 3-10 所示的归一化透射率曲线在接近于 $z=0$ 的再一次上升,从而导致在 $z=0$ 处出现新峰。

3.4.2 非线性吸收二次转化理论

根据比尔定律可知,当光与物质作用没有激发物质的非线性时,出射光强 I 和入射光强 I_0 的关系表示为:

$$I = I_0 \exp(-\alpha_0 x) \tag{3-3}$$

式中,α_0——物质的吸收系数。

两边取对数运算后整理可以得到:

$$\ln \frac{I_{\text{out}}}{I_{\text{in}}} = -\alpha_0 L \tag{3-4}$$

$$\alpha_0 = -\frac{\ln T_0}{L} \tag{3-5}$$

式中，T_0——样品的线性透过率。

　　强光作用于物质，使物质表现出非线性光学性质，对光的吸收方面表现为出射光强与入射光强关系不再符合比尔定律。光束在薄的介质中的传播，光强损失由以下微分方程决定：

$$\frac{\mathrm{d}I}{\mathrm{d}z} = -\alpha(I)I \tag{3-6}$$

式中，z，I——可饱和吸收样品内部的传播距离和光强度；

　　$\alpha(I)$——依赖于光强的非线性吸收系数。

　　将式（3-6）整理得：

$$\mathrm{d}I = -\alpha(I)I\mathrm{d}z \tag{3-7}$$

　　在经过一小段距离 $\mathrm{d}z$ 后，可以得到输出光强 I_{out}：

$$I_{\text{out}} = I + \mathrm{d}I \tag{3-8}$$

　　将式（3-7）代入式（3-8）可得：

$$I_{\text{out}} = I - \alpha(I)I\mathrm{d}z \tag{3-9}$$

　　已知输出光强，可以得到通过 $\mathrm{d}z$ 后的透过率 T 为：

$$T = \frac{I_{\text{out}}}{I} = \frac{I - \alpha(I)I\mathrm{d}z}{I} = 1 - \alpha(I)\mathrm{d}z \tag{3-10}$$

　　在薄样品的近似下，式（3-10）中的 $\mathrm{d}z$ 与样品厚度 L 近似相等，因此光经过样品后的透过率 T 又表示为：

$$T = 1 - \alpha(I)L \tag{3-11}$$

对于材料的饱和吸收性质，其非线性吸收系数有多种模型，通常可以将其表示为[108, 110]：

$$\alpha(I) = \frac{\alpha_0}{1+(I/I_s)} \tag{3-12}$$

而对于材料的反饱和吸收过程，可以将非线性吸收系数表示为：

$$\alpha(I) = \beta I \tag{3-13}$$

当样品表现出饱和吸收向反饱和吸收的转化行为时，非线性吸收系数模型为[100, 109]：

$$\alpha(I) = \frac{\alpha_0}{1+(I/I_s)} + \beta I \tag{3-14}$$

式中，I，I_s——激光光强、饱和光强；

β——包括激发态吸收的双光子吸收系数。

不同非线性吸收行为下非线性吸收系数 $\alpha(I)$ 与光强 I 的关系图像如图 3-11 所示。从中可以看出，对于饱和吸收，吸收系数随着光强的增加急剧减小，即光强越强吸收得越少。对于反饱和吸收则相反，随着光强的增加吸收系数增加，即光强越强吸收得越多，这也正是反饱和吸收用于光限幅的基本依据。

前面介绍的是三种不同非线性吸收行为对应的非线性吸收系数模型，而在利用 Z-scan 技术测量材料的非线性吸收性质时探测的是光经过样品后的透射光功率，因此，接下来推导 Z-scan 测量非线性折射率的表达式。

高斯光束强度 I 与光束位置 z 的关系可以表达为：

$$I = \frac{I_0}{1+z^2/z_0^2} \tag{3-15}$$

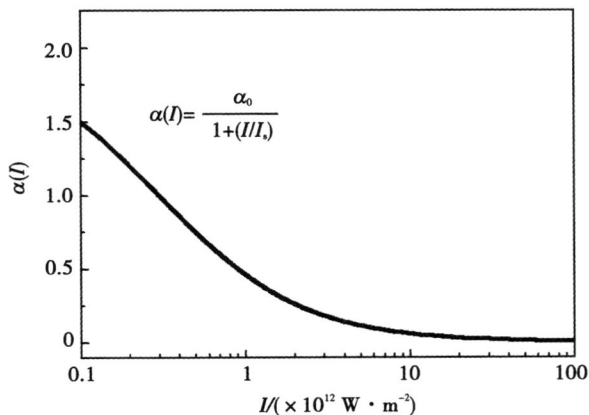

（a）饱和吸收

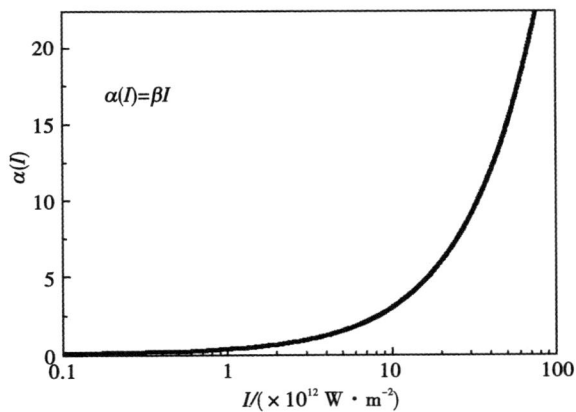

（b）反饱和吸收

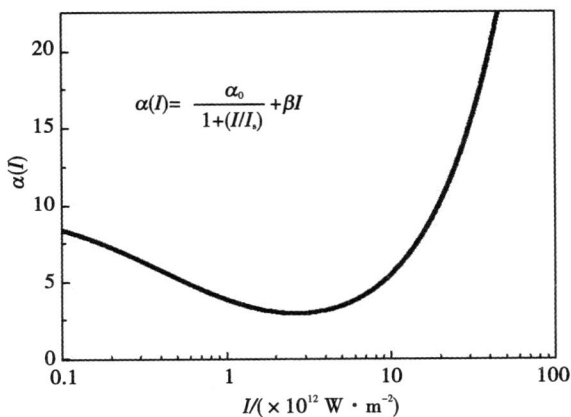

（c）饱和吸收与反饱和吸收共存

图 3-11　非线性吸收系数 $\alpha(I)$ 与光强 I 的关系

式中，I_0——焦点处光强，且 $I_0 = \dfrac{4\sqrt{\ln 2}\,E}{\pi\sqrt{\pi}\,\tau\omega_0^2} = \dfrac{E}{\pi\omega_0^2\tau}\cdot 1.8788$；

z_0——高斯光束的共焦参数，且 $z_0 = \dfrac{k\omega_0^2}{2} = \dfrac{\pi\omega_0^2}{\lambda}$。

其中，τ 是激光脉冲宽度，k 是波矢，ω_0 是束腰半径，λ 是激光波长。

所以式(3-12)~式(3-14)可以进一步表示为：

$$\alpha(I) = \frac{\alpha_0}{1 + \dfrac{I_0}{(1+z^2/z_0^2)I_s}} \tag{3-16}$$

$$\alpha(I) = \frac{\beta I_0}{1+z^2/z_0^2} \tag{3-17}$$

$$\alpha(I) = \frac{\alpha_0}{1 + \dfrac{I_0}{(1+z^2/z_0^2)I_s}} + \frac{\beta I_0}{1+z^2/z_0^2} \tag{3-18}$$

分别将式(3-16)~式(3-18)代入式(3-11)，可得到薄样品近似下的透过率 T 的表达式：

$$T = 1 - \alpha(I)L = 1 - \frac{\alpha_0 L}{1 + \dfrac{I_0}{(1+z^2/z_0^2)I_s}} \tag{3-19}$$

$$T = 1 - \alpha(I)L = 1 - \frac{\beta I_0 L}{1+z^2/z_0^2} \tag{3-20}$$

$$T = 1 - \alpha(I)L = 1 - \left(\frac{\alpha_0}{1 + \dfrac{I_0}{(1+z^2/z_0^2)I_s}} + \frac{\beta I_0}{1+z^2/z_0^2} \right)L \tag{3-21}$$

利用 Matlab 分析软件对不同光强下非线性吸收以及转化过程的 Z-scan 透射率进行模拟，如图 3-12 和图 3-13 所示。从图 3-12 可以看出，随着光强的增加，模拟的 Z-scan 曲线峰逐渐增高，表示透射率逐渐增加。从图 3-13 可以发现，随着光强的增加，模拟的 Z-scan 曲线出现了从饱和吸收向反饱和吸收转化的迹象。这些曲线的变化趋势与图 3-11 反映的非线性吸收系数与光强的关系恰好吻合。

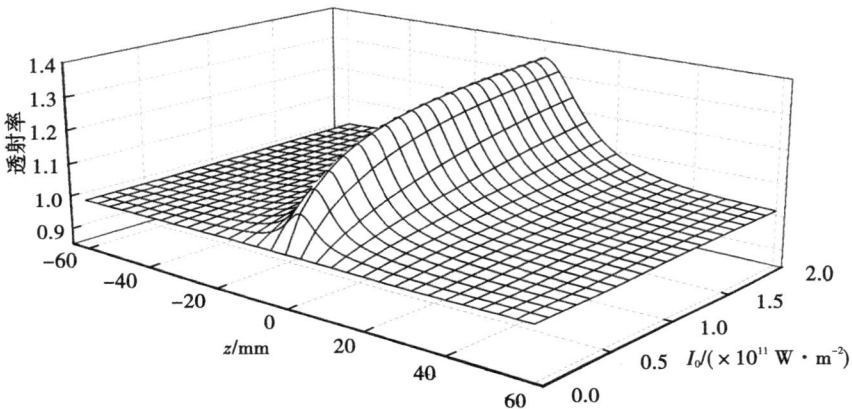

图 3-12　饱和吸收的 Z-scan 透射率 Matlab 理论计算结果

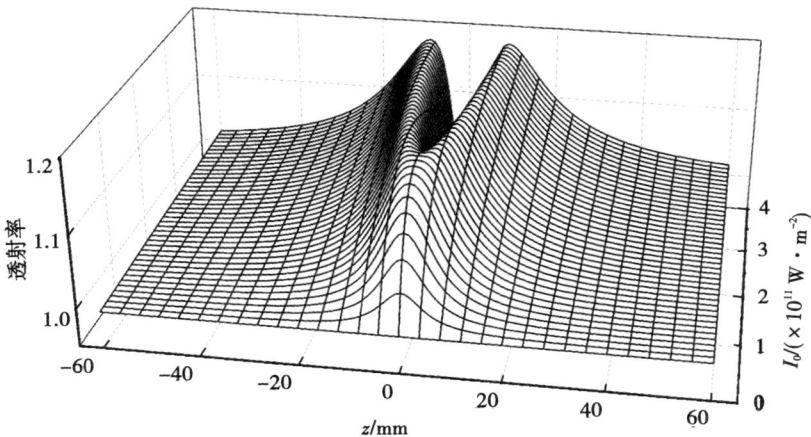

图 3-13　饱和吸收向反饱和吸收转化的 Z-scan 透射率 Matlab 理论计算结果

实际应用时，根据实验测量结果判断非线性吸收特性，选择合适的公式对实验数据进行拟合，计算出样品的非线性吸收系数和饱和光强。

对于不同的非线性吸收过程，非线性吸收系数有多种模型进行描述，对于某些条件下样品的液相及不均匀展宽，用包含单光子吸收和双光子吸收饱和强度的模型描述其吸收系数，其吸收系数采用如下表达式：

$$\alpha(I) = \frac{\alpha_0}{\sqrt{1 + \dfrac{I}{I_{s1}}}} + \frac{\beta I}{\sqrt{1 + \left(\dfrac{I}{I_{s2}}\right)^2}} \tag{3-22}$$

式中，I_{s1}，I_{s2}——单光子饱和吸收光强和双光子饱和吸收光强。

为了直观地表达吸收系数 $\alpha(I)$ 与 I 的关系，绘制了 $\alpha(I)$ 与 I 的关系图像，如图 3-14 所示。从该图中可以发现，随着光强的增加，非线性吸收系数先减小后增加再减小，这表示随着光强增加，吸收系数的走势发生了三次变化。因此可以预示具有这样非线性吸收特点的材料在强光激发下随着光强的增加，非线性吸收行为可以出现二次转化。

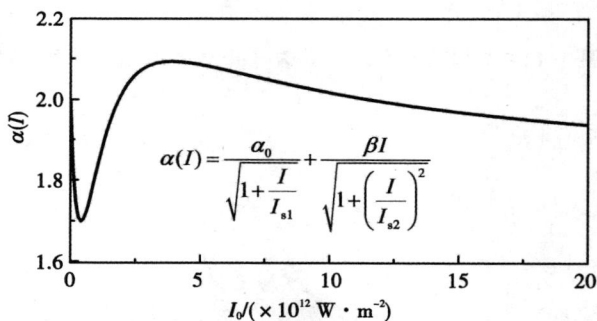

图 3-14　包含单光子吸收和双光子吸收饱和强度的非线性吸收系数 $\alpha(I)$ 与光强 I 的关系

将式(3-22)代入式(3-11)中，得：

$$T = 1 - \alpha(I)L = 1 - \left(\frac{\alpha_0}{\sqrt{1 + \dfrac{I}{I_{s1}}}} + \frac{\beta I}{\sqrt{1 + \left(\dfrac{I}{I_{s2}}\right)^2}}\right)L \tag{3-23}$$

　　将高斯光束光强 I 与光束位置 z 的关系式(3-15)代入式(3-23)，归一化透过率可以表示为：

$$T = 1 - \left(\frac{\alpha_0}{\sqrt{1 + \dfrac{I_0}{(1 + z^2/z_0^2) I_{s1}}}} + \frac{\beta I_0 / (1 + z^2/z_0^2)}{\sqrt{1 + \left(\dfrac{I_0}{(1 + z^2/z_0^2) I_{s2}} \right)^2}} \right) L \qquad (3-24)$$

　　式(3-24)表明，归一化透射率受到激发光强的影响。当激发光强 $I < I_{s1}$（必然 $I < I_{s2}$）时，不足以激发材料的光学非线性，此时发生的仍是线性吸收过程。当增大激发光强 I，材料的非线性光学性质被激发导致透射率随着光强发生变化，一般地，如果满足 $I_{s1} < I < I_{s2}$ 时，材料会表现出饱和吸收、反饱和吸收、饱和和反饱和吸收。当光强增大到 $I > I_{s2}$ 时，式(3-24)中括号中第二项的分母不能忽略，此时应该发生双光子吸收饱和。

　　为了验证上述讨论，对式(3-24)表达的光强相关的归一化透射率关系进行数值模拟。选用的基本参数为：$\alpha_0 = 0.2$ mm^{-1}，$I_{s1} = 0.3 \times 10^{12}$ W/m^2，$\beta = 1.2 \times 10^{-9}$ m/W，$I_{s2} = 1.7 \times 10^{12}$ W/m^2，激光强度范围为 $(0.1 \sim 20) \times 10^{13}$ W/m^2。透射率曲线随光强变化曲面图如图 3-15 所示。可见，随着光强的增加，曲线从小光强下的单峰逐渐转化为大光强下的峰-谷-峰的形式。

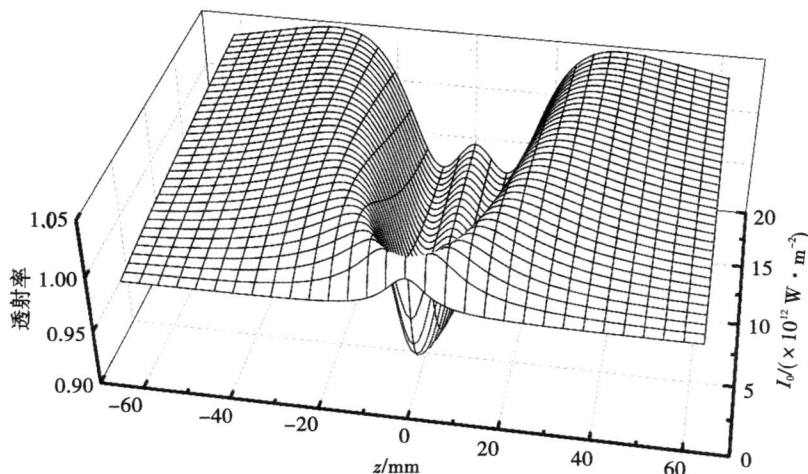

图 3-15　具有二次转化特点的透射率三维曲面图

为了清晰地表达光强对透射率的影响, 从曲面图 3-15 中提取了具有代表性的透射率曲线 (I_0 分别为 0.1×10^{12}, 0.2×10^{12}, 0.4×10^{12}, 0.5×10^{12}, 5×10^{12}, 6×10^{12}, 10×10^{12} 和 17×10^{12} W/m²), 如图 3-16 所示。

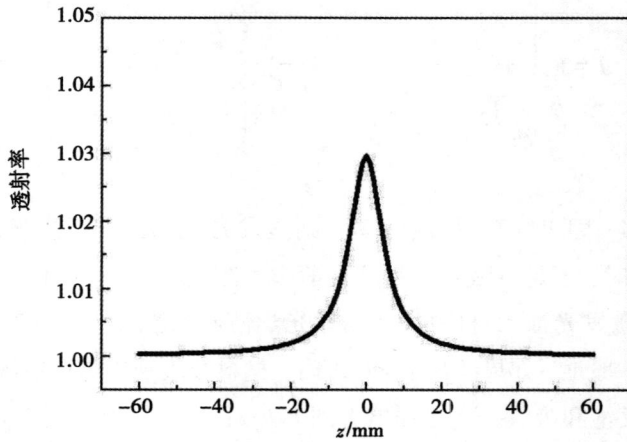

(a) $I_0 = 0.1 \times 10^{12}$ W/m²

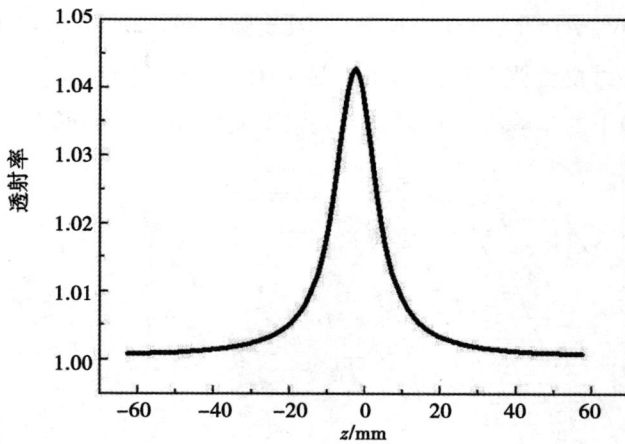

(b) $I_0 = 0.2 \times 10^{12}$ W/m²

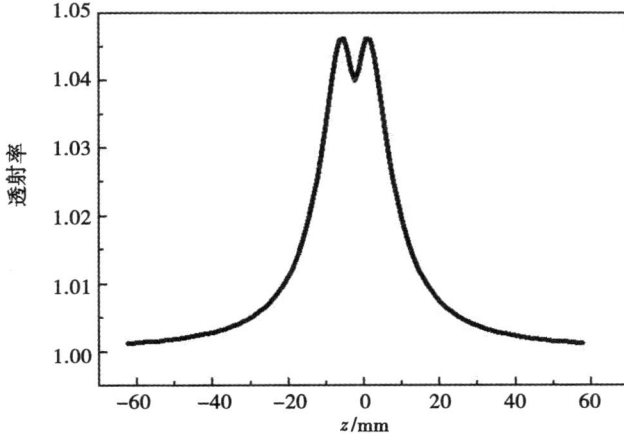

（c）$I_0 = 0.4 \times 10^{12} \, \text{W/m}^2$

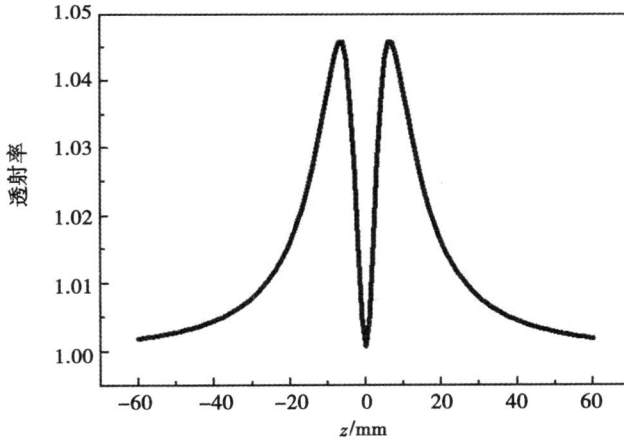

（d）$I_0 = 0.5 \times 10^{12} \, \text{W/m}^2$

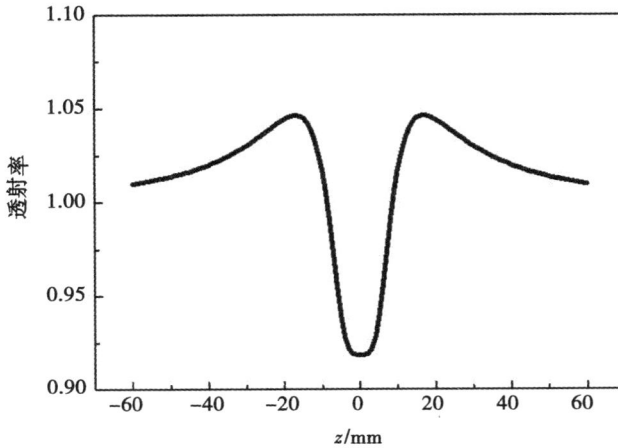

（e）$I_0 = 5 \times 10^{12} \, \text{W/m}^2$

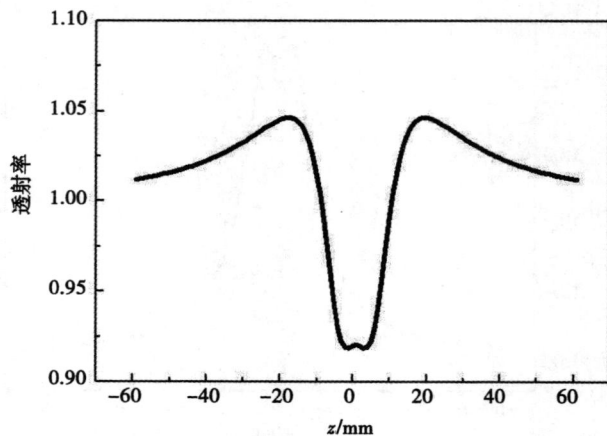

(f) $I_0 = 6 \times 10^{12} \, \text{W/m}^2$

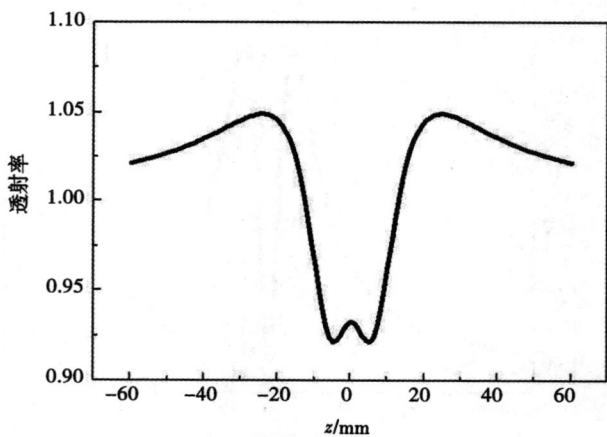

(g) $I_0 = 10 \times 10^{12} \, \text{W/m}^2$

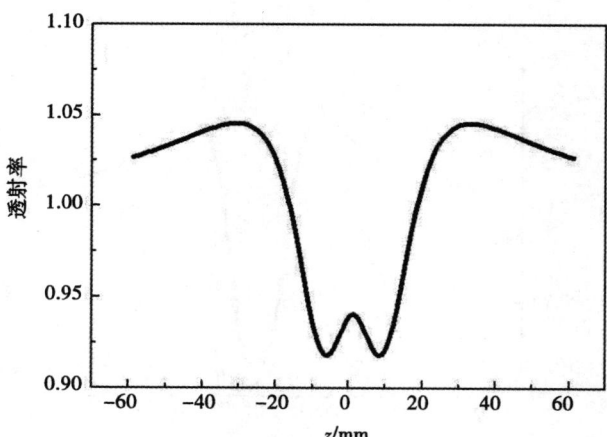

(h) $I_0 = 17 \times 10^{12} \, \text{W/m}^2$

图 3-16 从曲面图 3-15 中提取的典型曲线

可以看出，当 I_0 为 0.1×10^{12} W/m² 和 0.2×10^{12} W/m² 时［图 3-16(a) 和 (b)］，曲线是饱和吸收的样式，并且光强的增加导致透射率峰变高。当 I_0 为 0.4×10^{12} W/m² 和 0.5×10^{12} W/m² 时［图 3-16(c) 和 (d)］，透射率曲线开始出现谷，这表示发生饱和吸收向反饱和吸收的转化，而且随着光强变大透射率的谷变低。当 I_0 为 5×10^{12} W/m² 时［图 3-16(e)］，透射率曲线具有展宽的谷的特征，这是向饱和吸收转化的预兆。当 I_0 为 6×10^{12} W/m²，10×10^{12} W/m² 和 17×10^{12} W/m² 时［图 3-16(f)，(g) 和 (h)］，透射率曲线在谷的位置出现新峰，并且新峰随着光强的增加逐渐变高。

上述关于 Z-scan 透射率的理论模拟充分说明改变激光能量的条件下，材料的非线性吸收能够发生饱和吸收—反饱和吸收—饱和吸收的转化。使用式 (3-24) 可以对第 3.4.1 节的开孔 Z-scan 实验结果进行处理，并且可以获得饱和光强和非线性吸收系数等光学参数。

3.4.3　Ag 纳米粒子非线性吸收二次转化数据分析

第 3.4.1 节只是从 Ag 纳米粒子能带结构和电子跃迁角度对不同激光能量诱导的各种非线性吸收行为进行了定性的分析。为了对 Ag 纳米粒子的非线性吸收进行定量描述并确定非线性吸收饱和光强和非线性吸收系数，需要根据吸收行为选择适当的非线性吸收系数模型对实验数据进行处理。从第 3.3.1 节的理论分析可知，在高激光能量下发生了单光子吸收饱和以及双光子吸收饱和两种饱和过程时，非线性吸收系数 $\alpha(I)$ 模型用式 (3-22) 描述[115]，用式 (3-24) 对实验数据进行拟合，结果如图 3-17 中的实线所示。计算获得的饱和光强和双光子吸收系数列于表 3-6 中。

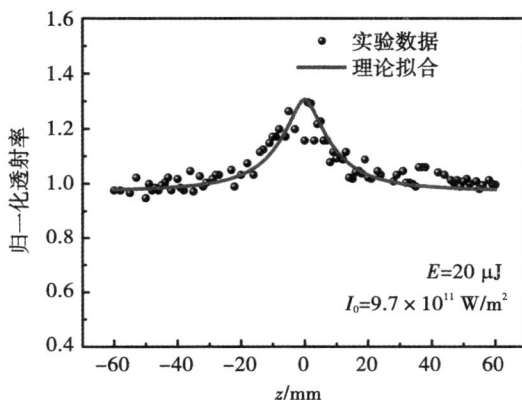

(a) 20 μJ

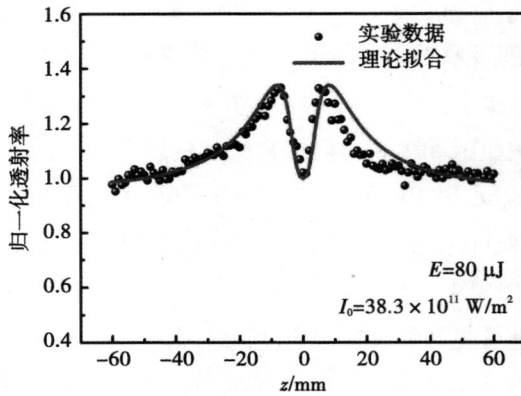

(b) 80 μJ

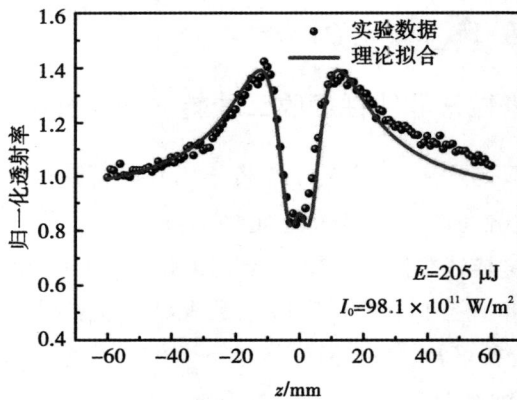

(c) 205 μJ

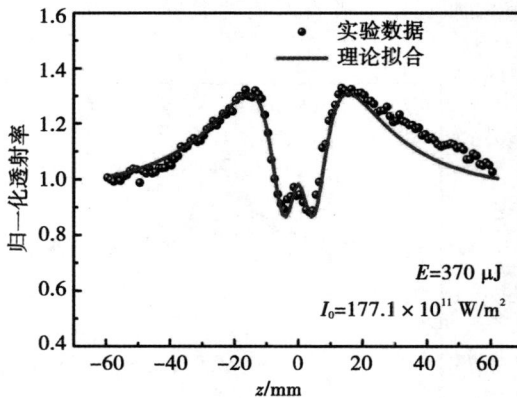

(d) 370 μJ

图 3-17　单光子吸收饱和的数据处理结果

表 3-6　Ag 纳米粒子非线性光学参数

$E/\mu J$	$I_{s1}/(\times 10^{11}\ W \cdot m^{-2})$	$\beta/(\times 10^{-10}\ m \cdot W^{-1})$	$I_{s2}/(\times 10^{11}\ W \cdot m^{-2})$
20	0.24	—	—
80	0.96	2.95	16.22
205	1.64	5.30	17.15
370	2.60	4.98	17.96

　　从拟合结果看，理论曲线和实验数据吻合得很好，这证明了第 3.4.2 节的理论模型适用于 Ag 纳米粒子非线性吸收的二次转化。

◆◇ 3.5　本章小结

　　在非共振波段研究了与波长相关的 Ag 纳米粒子的非线性吸收。研究结果表明，在低激光能量下 Ag 纳米粒子始终保持饱和吸收，波长接近共振区，饱和吸收明显。高激光能量下接近共振区，发生饱和吸收向反饱和吸收的转化。Ag 纳米粒子的表面等离子体共振增强效应导致了非线性性质的波长相关性。

　　研究了共振波长下 Ag 纳米粒子的非线性光学性质的转化过程。在较低激光强度下，Ag 纳米颗粒表现出饱和吸收，激光能量增加，发生从饱和吸收向反饱和吸收的转化。

　　从实验和理论两个角度研究了非线性吸收的二次转化过程。在低激发能量下 Ag 纳米粒子表现出饱和吸收，随着能量增加逐渐向反饱和吸收转化。能量进一步增加出现了双光子吸收饱和。从能带结构角度确定单光子吸收饱和是基态等离子体漂白的结果，双光子吸收或激发态吸收导致了反饱和吸收，而双光子吸收饱和是第一激发态粒子漂白导致的。

第 4 章　Ag 纳米粒子非线性折射转化研究

◆◇ 4.1　引言

由于纳米材料在光热效应[116]、光学传感[117]、光催化[118]等领域的应用，纳米材料的非线性光学特性得到了广泛的研究。非线性折射是非线性光学性质的一个重要分支。自聚焦、自散焦、自相位调制、光学相位共轭和非线性折射引起的光学双稳态效应在光限幅[119]、光开关[120]、空间光孤子传输[121]等领域具有广阔的应用前景。

由于贵金属纳米颗粒独特的局域表面等离子体共振行为，其非线性光学效应大大增强[122-125]。Au[69, 126-127]，Ag[54, 128-129] 及其他贵金属纳米颗粒[130-131]的非线性折射特性已被广泛研究。由于表面等离子体共振增强的作用，含有贵金属纳米颗粒的复合材料的非线性折射率大大提高[124-125]。例如，Li 等人[125]研究得出注入 Ag 纳米粒子的 Nd：YAG 单晶三阶非线性折射率比未注入的提高四倍。Fu 等人[124]研究了纯 CdS 和 Ag@ Cd 两种纳米粒子的光学非线性，得出 Ag@ Cd 纳米粒子 Ag 核的强表面等离子体共振吸收增强了 CdS 纳米颗粒的非线性响应。Falcão-Filho 等人[132]通过理论研究得出的三阶和高阶极化率之间的关系认为，三阶极化率的增加必然会导致其他高阶极化率的增加，这将导致高阶折射率和低阶折射率之间的共存和竞争。还可以预测，符号相反的高阶和低阶折射率将导致自聚焦和自散焦的共存。事实上，已经在对其他材料的实验研究中发现了自聚焦和自散焦的共存和转化[133-135]。例如，Oliveira 等人[69]对金纳米棒的研究表明，五阶非线性也有助于折射。Oliveira 等人的实验观察到了自聚焦和自散焦的共存，并将这种现象的产生归因于符号相反的三阶和五阶折射的竞争。Ganeev 等人[68]研究了伪异氰（PIC）染料水溶液的非线性折射。Ganeev 等人发现，在高激光强度下，PIC 非线性折射呈现双峰双谷结构，并将这种现象归因于与三阶折射率符号相反的五阶非线性的共同作用。然而，在 Falcão-Filho 等人[132]对 Ag 纳米粒子进行的实验中没有看到这种转变。然而，关于 Ag 纳米颗粒相反符号的高阶和低阶折射率引起的自聚焦和自散焦的转变和共存的研究很少。为了改善复合材料的非线性光学性能，人们通常选择 Ag 纳米粒子作为掺杂剂[136]。因此，有必要研究 Ag 纳米粒子非线性折射特性的转换。

本章将以三阶非线性折射为基础推导发生五阶非线性折射时 Z-scan 测量过程中轴上相移和透射率的表达式，将讨论符号相反的三阶和五阶非线性折射共存下激光能量影响的自聚焦和自散焦的转化过程。实验方面，将利用闭孔 Z-scan 技术在不同激光能量下对 Ag 纳米粒子的非线性折射进行测量，并用理论分析所得到的模型对实验数据进行分析。

◆◇ 4.2　Ag 纳米粒子非线性折射转化实验

采用透射电子显微镜来表征 Ag 纳米颗粒的形貌，利用紫外-可见分光光度计来测量 Ag 纳米粒子的线性吸收光谱，如图 4-1 所示。

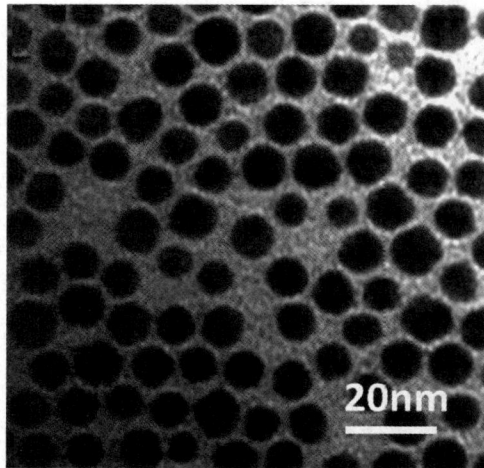

20nm

(a) Ag 纳米粒子的 TEM 图像

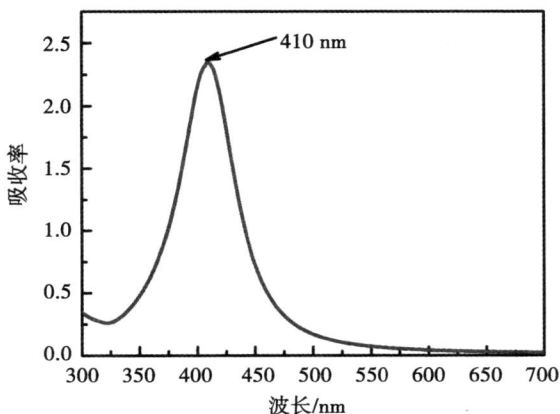

（b）Ag 纳米粒子的线性吸收光谱

图 4-1　Ag 纳米粒子的表征

从图 4-1（a）可以确定 Ag 纳米粒子的平均直径大约为 10 nm 且粒径分布均匀。从图 4-1（b）的线性吸收谱可以看出 Ag 纳米粒子在 410 nm 左右有一个强吸收带，这一般归因于金属纳米粒子的局域表面等离子体共振。吸收峰的半高宽较窄说明 Ag 纳米颗粒的尺寸分布较窄，即选用的纳米粒子尺寸较均匀。

激光系统 Nd：YAG 作为 Z-scan 测量的激发源提供了波长为 532 nm、重复频率为 10 Hz 的 5 ns 的激光脉冲。在实验中，使用了 2 mm 厚的石英反应皿来盛放样品。使用可变衰减器控制辐照至样品的能量分别为 15，30，45，60，200 和 280 μJ。计算得到焦点位置处激光峰值强度 I_0 分别为 0.72×10^{12}，1.44×10^{12}，2.15×10^{12}，2.87×10^{12}，9.57×10^{12} 和 13.4×10^{12} W/m²。闭孔 Z-scan 测量结果如图 4-2 所示。

由图 4-2 的实验结果发现，激光能量强烈影响非线性折射率的符号。首先，图 4-2（a）和（b）显示了在 0.72×10^{12} W/m² 和 1.44×10^{12} W/m² 的较低激光能量下，Z-scan 实验结果类似，都是 $z=0$ 前谷和 $z=0$ 后峰，这表明样品的非线性折射率符号为正且表现出自聚焦效应。当激光能量增加为 9.57×10^{12} W/m² 和 13.4×10^{12} W/m² 时，如图 4-2（e）和（f）所示，出现了与低强度下完全相反的实验结果，即在 $z=0$ 前有峰和 $z=0$ 后出现谷，这表明样品的非线性折射率符号为负并且表现出自散焦的特点。值得注意的是，相对于低激光能量下的自聚焦，高激光能量下的峰和谷更加尖锐和陡峭，并且峰-谷 z 轴横向间距更近。当用中等激光能量 $2.15×10^{12}\,W/m^2$ 和 $2.87×10^{12}\,W/m^2$ 辐照样品时，出现了如图 4-2(c) 和 (d) 所示的 $z=0$ 前的先宽谷后尖峰和 $z=0$ 后的先尖峰后宽谷的现象。这表明在单次 Z-scan 测量过程中出现了非线性折射行为的转化。

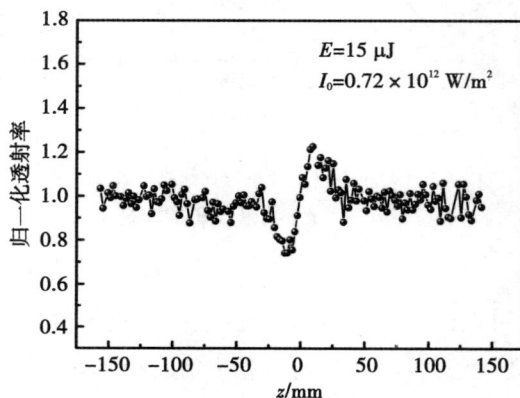

$E=15\ \mu J$

$I_0=0.72 × 10^{12}\,W/m^2$

（a）15 μJ

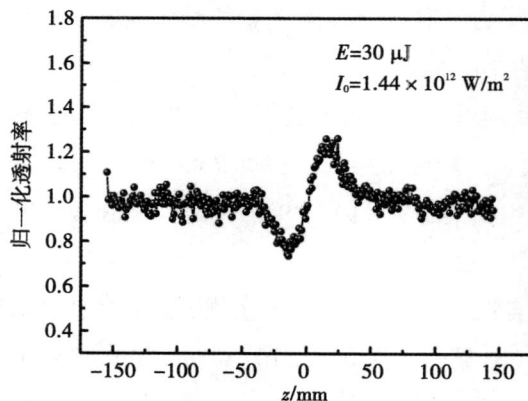

$E=30\ \mu J$

$I_0=1.44 × 10^{12}\,W/m^2$

（b）30 μJ

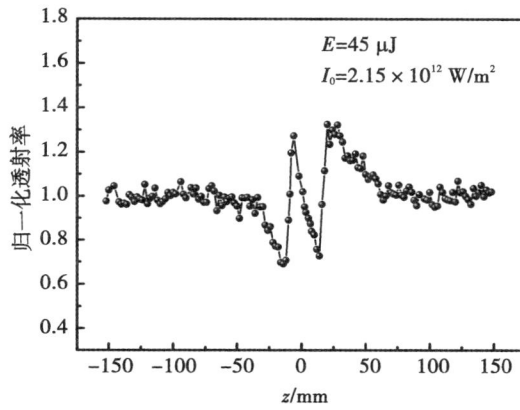

（c）45 μJ

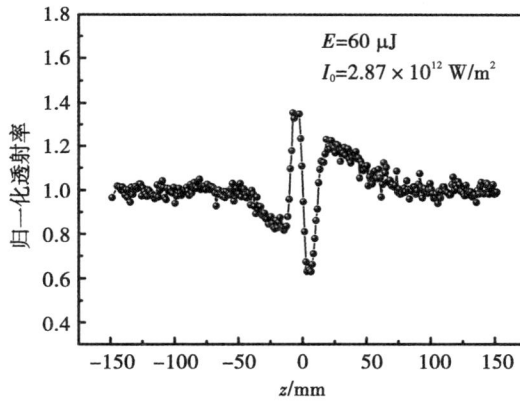

（d）60 μJ

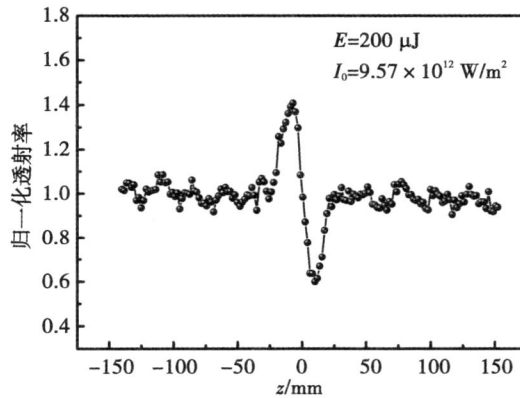

（e）200 μJ

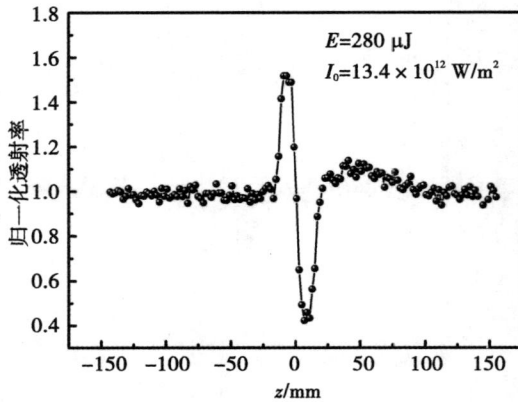

(f) 280 μJ

图 4-2　Ag 纳米粒子在不同激光能量下的闭孔 Z-scan 曲线

现在评估实验中 Ag 纳米粒子非线性折射效应的阶数。由于实验用到的激光波长为 532 nm，激光束腰半径约为 43 μm，由 $z_0 = \pi\omega_0/\lambda$ 可以确定瑞利衍射长度约为 12mm，满足薄样品近似($z_0 \gg L$)。根据 Sheik-Bahae 等人[112] 和 Falcão-Filho 等人[132] 的报道，当发生高阶非线性折射时，实验迹线中归一化透过率曲线的峰谷 z 轴横向距离 z_{p-v} 会有所减小，具体数值已经被 Sheik-Bahae 等人[112] 计算出来。在这里，为了定性分析非线性折射率的阶数，先直接引用其结论：当发生三阶非线性折射时，$z_{p-v} \approx 1.7z_0$，而五阶的情况下，$z_{p-v} \approx 1.2z_0$[77, 112, 132]，这可以直观地体现出发生高阶非线性折射和低阶非线性折射时 Z-scan 实验结果在峰-谷横向间距上应有明显不同。具体情况是随着阶数的增加，峰-谷横向间距变小。从实验迹线看，中等激发强度情况较为复杂，先讨论低强度和高强度的情况。从图 4-2 的实验数据容易看出，低强度激发下[见图 4-2(a) 和(b)]和高强度激发下[见图 4-2(e) 和(f)]z_{p-v} 明显减小，应该可以确定强度的增加导致了高阶非线性折射的发生。注意到，在光强为 $0.72 \times 10^{12}\,\mathrm{W/m^2}$ 和 $1.44 \times 10^{12}\,\mathrm{W/m^2}$ 的条件下实验迹线的透射率峰谷差 ΔT_{p-v} 基本没有变化。Fan 等人[54] 用飞秒激光得到 Ag 纳米粒子不同光强下的非线性折射迹线。实验表明，激光能量增加导致透射率峰谷差 ΔT_{p-v} 的增加，而且 ΔT_{p-v} 与光强 I 的比值基本不变。Zhang 等人[137] 获得了聚噻吩在不同激光能量下的闭孔 Z-scan 实验曲线，仍然有 $\Delta T_{p-v}/I$ 为定值的实验结果。Zhang

等人将非线性折射的阶数确定为三阶。与之形成鲜明对比的是本书的实验结果，激光能量的两倍增强并没获得 ΔT_{p-v} 的加倍。Falcão-Filho 等人[132]也研究了有效并且更简捷的方法，根据 $\Delta T_{p-v} = 0.406\,(1-S)\,0.25k\gamma I_0(t)L_{eff}$，求解 $\Delta T_{p-v}/I$，确定它和 I 的函数关系。Falcão-Filho 等人认为仅存在三阶贡献，则 $\Delta T_{p-v}/I$ 比率应为常数[132]。因此，在激光能量为 $1.44 \times 10^{12}\,\mathrm{W/m^2}$ [见图 4-2 (b)]下发生的不是纯三阶非线性折射，而是符号相反的五阶的折射率的贡献极大地抑制了三阶非线性折射引起的峰谷差 ΔT_{p-v}。同样，对于高激光能量下的自散焦行为，峰谷横间距 z_{p-v} 明显比低激光能量时变小，可以定性判断五阶非线性占主导地位。因此，负的五阶非线性折射导致了 Ag 纳米粒子在高强度下的自散焦现象。对于中等激光能量下所得到的如图 4-2(c)和(d)所示的实验结果，无法用一种非线性折射模型解释，在此过程中，非线性折射率系数符号发生了改变，这标志着在单次 Z-scan 的过程中，随着样品靠近焦点($z=0$)，激光辐照度的增加发生了自聚焦向自散焦的转化。

◆◇ 4.3　非线性折射转化理论

很多科研工作者使用不同的方法获得非线性折射率[138-140]，参考了一些关于高斯激光作用下薄介质三阶和五阶非线性折射率的理论报道[132, 139]，从理论上对五阶非线性折射率的理论进行推导，并适当地扩展到更高阶。

4.3.1　三阶非线性折射理论

有关薄介质三阶非线性折射率的理论，Sheik-Bahae 等人[77]在 1990 年发表的文章中有较详尽的介绍。为了在第 4.3.2 节推导五阶非线性折射理论时读者更易理解，将这部分内容整理如下。

激光经过样品后相位产生畸变，包含非线性相位畸变的电场 $E_e(z, r, t)$ 的表达式如下：

$$E_e(z, r, t) = E(z, r, t)\,\mathrm{e}^{-\alpha_0 L}\mathrm{e}^{\mathrm{i}\Delta\Phi(z, r, t)} \tag{4-1}$$

式中，z，r 和 t——光束在传输方向的位置、激光光斑半径和时间；

α_0，L——样品的线性吸收系数、样品的厚度；

$\Delta\Phi(z, r, t)$——相位畸变。

将 $e^{i\Delta\Phi(z, r, t)}$ 展开成泰勒级数的形式：

$$e^{i\Delta\Phi(z, r, t)} = \sum_{m=0}^{\infty} \frac{[i\Delta\Phi(z, r, t)]^m}{m!} = \sum_{m=0}^{\infty} \frac{[i\Delta\Phi(z, t)]^m}{m!} \exp[-2mr^2/w^2(z)]$$

$$(4-2)$$

根据惠更斯原理，利用高斯分解法将入射处的高斯光束分解，则样品出射平面处的电场可以表示为高斯光束之和，每个高斯光束传至光阑处并叠加重建远场电场 $E_a(z, r, t)$ 的表达如下：

$$E_a(z, r, t) = E(z, r = 0, t)e^{-\alpha_0 L} \sum_{m=0}^{\infty} \frac{[i\Delta\Phi_0(z, t)]^m}{m!} \cdot \frac{w_{m0}}{w_m} \cdot$$

$$\exp\left[\frac{-r^2}{w_m^2} - i\frac{kr^2}{2R_m} + i\theta_m\right]$$

$$(4-3)$$

式中各参数具体表示为：

$w_{m0}^2 = \dfrac{w^2(z)}{2m+1}$ ——第 m 个高斯子光束焦点处的光斑半径；

$w_m^2 = w_{m0}^2 \left[g^2 + \dfrac{d^2}{d_m^2}\right]$ ——第 m 个高斯子光束的光斑半径；

$d_m = \dfrac{kw_{m0}^2}{2}$ ——第 m 个高斯子光束的瑞利衍射长度；

$R_m = d\left[1 - \dfrac{g}{d^2/d_m^2}\right]^{-1}$ ——第 m 个高斯子光束的曲率半径；

$\theta_m = \arctan\left[\dfrac{d/d_m}{g}\right]$ ——第 m 个高斯子光束的位相变化。

远场光阑的透射功率 $P_T(\Delta\varphi_0(t))$ 是通过对 $E_a(z, r, t)$ 进行空间积分直至光圈半径 r_a 来获得的：

$$P_T(\Delta\varphi_0(t)) = c\varepsilon_0 n_0 \pi \int_0^{r_a} |E_a(z, r, t)|^2 r\mathrm{d}r \qquad (4-4)$$

式中，n_0——样品的线性折射率；

　　c——样品的浓度。

包括脉冲时间变化在内，归一化 Z-scan 透射率 $T(z)$ 可表示为：

$$T(z) = \frac{\int_{-\infty}^{+\infty} P_T(\Delta\varphi_0(t))\,dt}{S\int_{-\infty}^{+\infty} P_i(t)\,dt} \tag{4-5}$$

式中，$S = 1 - \exp(-2r_a^2/w_a^2)$——光阑的线性透过率；

　　r_a——光圈半径；

　　w_a——线性情况下小孔处光束半径，通常设定为常数。

当光束位相改变 $\Delta\Phi_0(z, t)$ 较小时，仅测量轴上的透射光强即可。在这种情况下，$E_a(z, r, t)$ 只需保留前两项就能满足要求。因此，归一化 Z-scan 透射率 $T(z)$ 由式（4-5）可以进一步表示为：

$$T(z) = \frac{\int_{-\infty}^{+\infty} \left| E_0(t)\left[\left(g^2 + \dfrac{d^2}{d_0^2}\right)^{-\frac{1}{2}} e^{i\theta_0} - i\Delta\varphi_0(t)\left(g^2 + \dfrac{d^2}{d_0^2}\right)^{-\frac{1}{2}} e^{i\theta_1}\right]\right|^2 dt}{\int_{-\infty}^{+\infty} \left| E_0(t)\left(g^2 + \dfrac{d^2}{d_0^2}\right)^{-\frac{1}{2}} e^{i\theta_1}\right|^2 dt} \tag{4-6}$$

式中，

$$e^{i\theta_m} = e^{i\arctan\left[\frac{d/d_m}{g}\right]} = \frac{gd_m + id}{\left[(gd_m)^2 + d^2\right]^{-\frac{1}{2}}} \tag{4-7}$$

将式（4-7）代入式（4-6）中整理得：

$$T(z) = \left| 1 - i\Delta\varphi_0(t) \frac{g - i\dfrac{d}{d_0}}{g - i\dfrac{d}{d_1}} \right|^2 \tag{4-8}$$

式中，$g = 1 + \dfrac{d}{R(z)} = 1 + \dfrac{d}{z(1 + z_0^2/z^2)}$；

$$d_0 = \frac{kw_{00}^2}{2} = \frac{\pi}{\lambda} w_0^2 (1 + z^2/z_0^2)$$；

$$d_1 = \frac{kw_{01}^2}{2} = \frac{\pi}{3\lambda} w_0^2 (1 + z^2/z_0^2)$$。

令 $x = z/z_0$，将式（4-8）化简为：

$$T(z) = \left| 1 - i\Delta\varphi_0(t) \frac{1}{1 + x^2} \cdot \frac{x - i}{x - 3i} \right|^2 \tag{4-9}$$

将式（4-9）展开，舍去 $\Delta\varphi_0(t)$ 的平方项等高次项，仅保留 $\Delta\varphi_0(t)$ 的一次项，整理如下：

$$T(z) = 1 + \frac{4\Delta\varphi_0(t)z/z_0}{(1 + z^2/z_0^2)(9 + z^2/z_0^2)} \tag{4-10}$$

使用式（4-10）对纯闭孔 Z-scan 实验数据进行处理，确定三阶非线性折射率。

利用 Matlab 对不同位相时非线性折射过程的 Z-scan 透射率进行模拟，如图 4-3 所示。由图可以看出位相的符号决定了 Z-scan 曲线的形状。具体地说，当位相符号为负时曲线为前峰–后谷，此时样品的非线性折射对应自散焦效应。当位相符号为正时曲线为前谷–后峰，此时样品的非线性折射对应自聚焦效应。这两种效应分别对应第 4.2 节 Ag 纳米粒子闭孔 Z-scan 实验结果的高能量激发和低能量激发的情况。

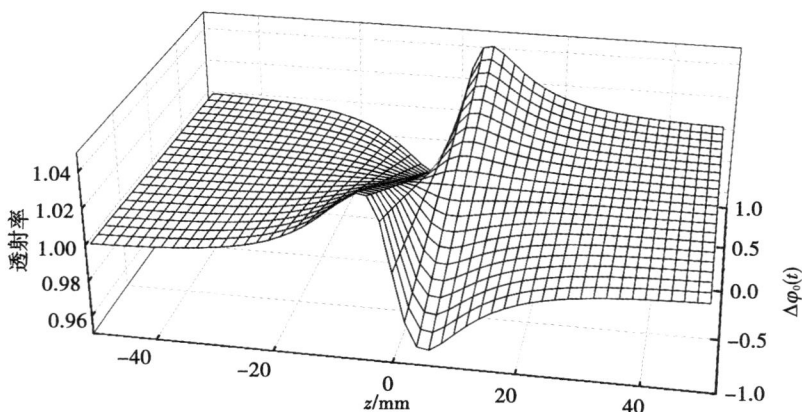

图 4-3　位相符号引起的闭孔 Z-scan 曲线的 Matlab 理论计算结果

4.3.2　五阶非线性折射理论

以上述的三阶非线性折射理论为基础，接下来，对五阶非线性折射理论进行详细的介绍并将所得的结果与 Sheik-Bahae 等人发表的结果对比，以达到相互印证的目的。假设沿着 z 轴正向传输的高斯激光通过非线性薄介质，其光束能 $E(z, r, t)$ 可以表示为：

$$E(z, r, t) = E_0(t)\frac{w_0}{w(z)}\exp\left[-\frac{r^2}{w^2(z)}-\frac{\mathrm{i}kr^2}{2R(z)}\right]\exp[-\mathrm{i}\varphi(z, t)] \quad (4-11)$$

式中，$w(z)$——激光光斑半径，且 $w^2(z) = w_0^2(1+z^2/z_0^2)$；

$\qquad R(z)$——激光光波波前曲率半径，且 $R(z) = z(1+z_0^2/z^2)$；

$\qquad z_0$——高斯激光瑞利衍射长度。

在薄介质的条件下，高斯激光经厚度为 $L(L \ll z_0)$ 的样品传输，以光波在样品中的传输深度 z' 为变量的光强 I 和相位变化 $\Delta\Phi$ 由以下两个微分方程描述[141]：

$$\frac{\mathrm{d}\Delta\Phi}{\mathrm{d}z'} = \Delta n(I)k \qquad (4-12)$$

$$\frac{\mathrm{d}I}{\mathrm{d}z'} = -\alpha(I)I \tag{4-13}$$

式中, $\Delta n(I)$——介质折射率的变化量;

$\qquad\Delta\Phi$——高斯激光经过非线性介质位相的变化量;

$\qquad\alpha(I)$——包括线性吸收系数 α_0 在内的与光强有关的吸收系数。

$\alpha(I)$ 可表示为:

$$\alpha(I) = \alpha_0 + \beta I + \delta I^2 + \cdots \tag{4-14}$$

式中, β, δ——三阶非线性吸收系数和五阶非线性吸收系数。

包括线性折射率在内的与光强有关的介质的总折射率 $n(I)$ 可以表示为:

$$n(I) = n_0 + \gamma I + \eta I^2 + \cdots \tag{4-15}$$

式中, n_0, γ 和 η——线性折射率、三阶折射率和五阶折射率。

因此, 相对于线性折射率, 高斯光束经过非线性介质时折射率的变化量 $\Delta n(I)$ 可以表示为:

$$\Delta n(I) = \gamma I + \eta I^2 + \cdots \tag{4-16}$$

由式(4-12)和式(4-13)可以得到:

$$\mathrm{d}\Delta\Phi = k\Delta n(I)\frac{1}{-\alpha(I)I}\mathrm{d}I \tag{4-17}$$

在只考虑三阶非线性折射的情况下, 式(4-16)中只保留第一项, 即 $\Delta n(I) = \gamma I$, 为简化理论研究, 吸收项 $\alpha(I)$ 只考虑线性吸收部分, 即 $\alpha(I) = \alpha_0$。将其代入式(4-17)中得到:

$$\mathrm{d}\Delta\Phi = k\gamma \frac{1}{-\alpha_0}\mathrm{d}I \tag{4-18}$$

对式(4-18)两边积分,得到激光经样品后的位相改变 $\Delta\Phi(z,\ r,\ t)$ 与光强变化 $\int \mathrm{d}I$ 的关系:

$$\Delta\Phi(z,\ r,\ t) = k\gamma \frac{1}{-\alpha_0}\int \mathrm{d}I \tag{4-19}$$

从式(4-19)不难看出,经过样品的高斯光束位相改变与光强变化成正比。

在考虑线性光吸收的情况下, $\int \mathrm{d}I$ 可以由下面的式子确定:

$$\int \mathrm{d}I = \int_{I_{\mathrm{in}}}^{I_{\mathrm{out}}} \mathrm{d}I = I_{\mathrm{out}} - I_{\mathrm{in}} \tag{4-20}$$

式中, I_{in}, I_{out}——光入射样品一侧的光强度和出射样品的光强度。

因为吸收是线性的,设样品的线性透过率为 $T_0 = \mathrm{e}^{-\alpha_0 L}$, I_{out} 可以表示为 $I_{\mathrm{out}} = T_0 I_{\mathrm{in}}$,代入式(4-20)得:

$$\int \mathrm{d}I = (T_0 - 1)I_{\mathrm{in}} = (\mathrm{e}^{-\alpha_0 L} - 1)I_{\mathrm{in}} \tag{4-21}$$

整理式(4-19)和式(4-21)得:

$$\Delta\Phi(z,\ r,\ t) = k\gamma \frac{1}{\alpha_0}(1-\mathrm{e}^{-\alpha_0 L})I_{\mathrm{in}} \tag{4-22}$$

由高斯激光光强与电场的关系 $I = \frac{1}{2}|E(z,\ r,\ t)|^2$ 可以得到样品的入射光强为:

$$I_{\text{in}} = \frac{1}{2} \mid E_0(t) \mid^2 \frac{1}{1 + z^2/z_0^2} \exp\left[-\frac{2r^2}{w^2(z)}\right] \qquad (4\text{-}23)$$

式中，$E_0(t)$——高斯光束焦点处轴上的光强，且 $I_0 = \frac{1}{2} \mid E_0(t) \mid^2$。

由式（4-22）和式（4-23）进一步整理得：

$$\Delta\Phi(z, r, t) = k\gamma \frac{1}{\alpha_0}(1 - e^{-\alpha_0 L}) I_0(t) \frac{1}{1 + z^2/z_0^2} \exp\left[-\frac{2r^2}{w^2(z)}\right] \qquad (4\text{-}24)$$

可以将焦点处轴上的相移记为 $\Delta\varphi_0(t) = k\Delta n_0(t) L_{\text{eff}}$。此处 $L_{\text{eff}} = (1 - e^{-\alpha_0 L})/\alpha_0$ 表示样品的等效长度，焦点近轴处样品折射率变化 $\Delta n_0(t) = \gamma I_0(t)$，式（4-24）可以简化为：

$$\Delta\Phi(z, r, t) = \Delta\Phi_0(z, t) \exp\left[-\frac{2r^2}{w^2(z)}\right] = \frac{\Delta\varphi_0(t)}{1 + z^2/z_0^2} \exp\left[-\frac{2r^2}{w^2(z)}\right] \quad (4\text{-}25)$$

式中，$\Delta\Phi_0(z, t) = \Delta\varphi_0(t)/(1 + z^2/z_0^2)$。

在只考虑五阶非线性折射的情况下，非线性折射率公式（4-16）中只保留第二项，即 $\Delta n(I) = \eta I^2$，吸收项 $\alpha(I)$ 仍然只考虑线性吸收部分，即 $\alpha(I) = \alpha_0$。将其代入式（4-17）中得到：

$$\mathrm{d}\Delta\Phi = k\eta \frac{1}{-\alpha_0} I \mathrm{d}I \qquad (4\text{-}26)$$

对式（4-26）两边积分，得到激光经样品后的位相改变 $\Delta\Phi(z, r, t)$ 与光强变化 $\int I \mathrm{d}I$ 的关系：

$$\Delta\Phi(z, r, t) = k\eta \frac{1}{-\alpha_0} \int I \mathrm{d}I \qquad (4\text{-}27)$$

与三阶情况类似，$\int I \mathrm{d}I$ 可以由下面的式子确定：

$$\int I \mathrm{d}I = \int_{I_{\mathrm{in}}}^{I_{\mathrm{out}}} I \mathrm{d}I = \frac{1}{2}(I_{\mathrm{out}}^2 - I_{\mathrm{in}}^2) = \frac{1}{2}(T_0^2 - 1)I_{\mathrm{in}}^2 \qquad (4-28)$$

式中，T_0，I_{in} 和 I_{out} 与三阶情况下定义的相同。将 T_0 和 I_{in} 代入式(4-28)得：

$$\int I \mathrm{d}I = \frac{1}{2}(\mathrm{e}^{-2\alpha_0 L} - 1)I_0^2(t)\frac{1}{1+z^2/z_0^2}\exp\left[-\frac{4r^2}{w^2(z)}\right] \qquad (4-29)$$

将式(4-29)代入式(4-27)得：

$$\Delta\Phi(z, r, t) = k\eta\frac{(1-\mathrm{e}^{-2\alpha_0 L})}{2\alpha_0}\frac{I_0^2(t)}{1+z^2/z_0^2}\exp\left[-\frac{4r^2}{w^2(z)}\right] \qquad (4-30)$$

类似于三阶推导过程，可以将焦点处轴上相移记为 $\Delta\varphi_0(t) = k\Delta n_0(t)L_{\mathrm{eff}}$。此处，$L_{\mathrm{eff}} = (1-\mathrm{e}^{-2\alpha_0 L})/2\alpha_0$ 表示样品的等效长度，焦点近轴处样品折射率变化 $\Delta n_0(t) = \eta I_0^2(t)$。将式(4-30)进一步整理如下：

$$\Delta\Phi(z, r, t) = \Delta\Phi_0(z, t)\exp\left[-\frac{4r^2}{w^2(z)}\right] = \frac{\Delta\varphi_0(t)}{(1+z^2/z_0^2)^2}\exp\left[-\frac{4r^2}{w^2(z)}\right]$$

$$(4-31)$$

式中，$\Delta\Phi_0(z, t) = \Delta\varphi_0(t)/(1+z^2/z_0^2)^2$。

综上，将三阶和五阶两种情况下的轴上相位失真表达式明确如下：

$$\Delta\varphi_0^{(3)}(t) = k\gamma I_0(t)\frac{1-\mathrm{e}^{-\alpha_0 L}}{\alpha_0} \qquad (4-32)$$

$$\Delta\varphi_0^{(5)}(t) = k\eta I_0^2(t)\frac{1-\mathrm{e}^{-2\alpha_0 L}}{2\alpha_0} \qquad (4-33)$$

对于高阶情况的推导在此不做赘述，仅给出以下结果：

$$\Delta\varphi_0^{(7)}(t) = k\theta I_0^3(t)\frac{1-\mathrm{e}^{-3\alpha_0 L}}{3\alpha_0} \qquad (4-34)$$

$$\Delta\varphi_0^{(9)}(t) = k\zeta I_0^4(t)\frac{1-\mathrm{e}^{-4\alpha_0 L}}{4\alpha_0} \qquad (4-35)$$

式中，θ，ζ——七阶折射率和九阶折射率。

该结果与 Sheik-Bahae 等人的研究结果一致，可以证明整个理论推导过程是有依据的。根据本节 $\Delta\varphi_0^{(5)}(t)$ 的推导结果，类似地进行推导可以得到五阶情况下的数据处理公式。

推导过程与三阶类似，对于五阶非线性折射，经过样品后包含非线性相位畸变复杂电场 $E_e(z, r, t)$ 的表达如下：

$$E_e(z, r, t) = E(z, r, t)\mathrm{e}^{-\alpha_0 L}\mathrm{e}^{\mathrm{i}\Delta\Phi(z, r, t)} \qquad (4-36)$$

将 $\mathrm{e}^{\mathrm{i}\Delta\Phi(z, r, t)}$ 展开成泰勒级数的形式：

$$\mathrm{e}^{\mathrm{i}\Delta\Phi(z, r, t)} = \sum_{m=0}^{\infty}\frac{[\mathrm{i}\Delta\Phi(z, r, t)]^m}{m!} = \sum_{m=0}^{\infty}\frac{[\mathrm{i}\Delta\Phi(z, t)]^m}{m!}\exp[-4mr^2/w^2(z)]$$
$$(4-37)$$

根据惠更斯原理，利用高斯分解法将入射处的高斯光束分解，则样品出射平面处的电场可以表示为高斯光束之和，每个高斯光束传至光阑处叠加并重建远场电场的表达如下：

$$E_a(z, r, t) = E(z, r=0, t)\mathrm{e}^{-\alpha_0 L}\sum_{m=0}^{\infty}\frac{[\mathrm{i}\Delta\Phi_0(z, t)]^m}{m!} \cdot \frac{w_{m0}}{w_m} \cdot$$
$$\exp\left[\frac{-r^2}{w_m^2} - \mathrm{i}\frac{kr^2}{2R_m} + \mathrm{i}\theta_m\right] \qquad (4-38)$$

式中各参数见式(4-3)。值得注意的是，因为表示的是五阶折射引起的光束位相改变，所以第 m 个高斯子光束焦点处的光斑半径 w_{m0}^2 的表达式变化为：

$$w_{m0}^2 = \frac{w^2(z)}{2m+1} \tag{4-39}$$

为了直接应用三阶非线性折射拟合理论的推导思路，考虑归一化透射率光功率求解过程中仅对 t 和 r 两个变量积分，不妨设五阶非线性折射引起的位相变化为 $\Delta\psi_0(t) = \Delta\varphi_0(t)/(1+z^2/z_0^2)$，远场光阑的透射功率和 Z-scan 归一化透射率 $T(z)$ 表示为：

$$P_T(\Delta\psi_0(t)) = c\varepsilon_0 n_0 \pi \int_0^{r_a} |E_a(z, r, t)|^2 r\mathrm{d}r \tag{4-40}$$

$$T(z) = \frac{\int_{-\infty}^{+\infty} P_T(\Delta\psi_0(t))\mathrm{d}t}{S\int_{-\infty}^{+\infty} P_i(t)\mathrm{d}t} \tag{4-41}$$

式中，$S = 1-\exp(-2r_a^2/w_a^2)$——光阑的线性透过率；

w_a——线性情况下小孔处光束半径，通常为常数。

类似地，仍然保留 $E_a(z, r, t)$ 前两项，Z-scan 归一化透射率 $T(z)$ 由式(4-41)可以表示为：

$$T(z) = \left| 1-\mathrm{i}\Delta\psi_0(t)\frac{g-\mathrm{i}\dfrac{d}{d_0}}{g-\mathrm{i}\dfrac{d}{d_1}} \right|^2 \tag{4-42}$$

其中，

$$g = 1+\frac{d}{R(z)} = 1+\frac{d}{z(1+z_0^2/z^2)}$$

$$d_0 = \frac{kw_{00}^2}{2} = \frac{\pi}{\lambda} w_0^2 (1 + z^2/z_0^2)$$

$$d_1 = \frac{kw_{10}^2}{2} = \frac{\pi}{5\lambda} w_0^2 (1 + z^2/z_0^2)$$

令 $x = z/z_0$，并将 $\Delta\psi_0(t) = \Delta\varphi_0(t)/(1 + z^2/z_0^2)$ 代入式（4-42），化简为：

$$T(z) = \left| 1 - \mathrm{i}\Delta\varphi_0(t) \frac{1}{(1+x^2)^2} \cdot \frac{x-\mathrm{i}}{x-5\mathrm{i}} \right|^2 \qquad (4-43)$$

将式（4-43）展开并舍去 $\Delta\varphi_0(t)$ 的高次项、保留 $\Delta\varphi_0(t)$ 的一次项，整理得：

$$T(z) = 1 + \frac{8\Delta\varphi_0(t)x}{(1+x^2)^2(25+x^2)} \qquad (4-44)$$

在更高阶的情况下，远场透射率与样品位置的关系也可以推导出来。为了便于对实验结果进行定性讨论，现将七阶和九阶公式直接给出：

$$T(z) = 1 + \frac{12\Delta\varphi_0(t)x}{(1+x^2)^3(49+x^2)} \qquad (4-45)$$

$$T(z) = 1 + \frac{16\Delta\varphi_0(t)x}{(1+x^2)^4(81+x^2)} \qquad (4-46)$$

在满足光阑平面的远场条件 $d \gg z_0$ 的情况下，Z-scan 测试得到的归一化透射率 $T(z)$ 曲线的形状不会取决于激光波长，并且峰谷值仅由 $\Delta\varphi_0(t)$ 决定，$T(z)$ 图像的拐点在 z 轴上，横向间距 z_{p-v} 可以通过对式（4-10）、式（4-44）~ 式（4-46）求偏导获得。各阶非线性折射率理论曲线的 z_{p-v} 如下：

$$z_{p-v}^{(3)} = 1.7z_0 \qquad (4-47)$$

$$z_{p-v}^{(5)} = 1.12z_0 \qquad\qquad (4-48)$$

$$z_{p-v}^{(7)} = 0.89z_0 \qquad\qquad (4-49)$$

$$z_{p-v}^{(9)} = 0.76z_0 \qquad\qquad (4-50)$$

将各阶非线性折射的 Z-scan 透射率理论曲线展示在图 4-4 中。可以发现，理论曲线的峰谷横向距离 z_{p-v} 随着阶数的增加越来越小，据此可以定性判断是否发生了高阶折射。

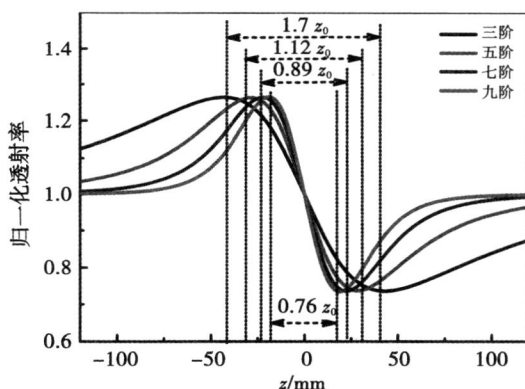

图 4-4 非线性折射 Z-scan 透射率理论曲线

4.3.3 三阶和五阶非线性折射共存和转化理论

经过前面的分析，得到了五阶和更高阶非线性折射轴上相移表达式以及 Z-scan 归一化透射率的理论计算公式。实际上，七阶及更高阶的非线性折射只有在光强特别强的条件下才能出现，材料通常显现的是三阶和五阶非线性折射，并且随着光强的增加材料的非线性折射的符号也可以发生变化。当光强的增加没有改变非线性折射的符号时，三阶和五阶折射叠加在一起不能明确区分，而当符号发生改变，就会导致闭孔 Z-scan 测量结果峰-谷形式改变。本小节将从理论上讨论当符号相反的三阶和五阶折射竞争时，能量增加对于透射率曲线形式的影响。

将三阶和五阶轴上相移联合起来得到总轴上相位失真表示如下：

$$\Delta\varphi_0^{(3)}(t)+\Delta\varphi_0^{(5)}(t)=k\gamma I_0(t)\frac{1-e^{-\alpha_0 L}}{\alpha_0}+k\eta I_0^2(t)\frac{1-e^{-2\alpha_0 L}}{2\alpha_0} \qquad (4-51)$$

式中，$\Delta\varphi_0^{(3)}(t)$，$\Delta\varphi_0^{(5)}(t)$ 表示由三阶非线性折射和五阶非线性折射导致的轴上相移，γ 和 η 符号相反。

在一阶近似条件下，远场小孔处归一化 Z-scan 透射率 $T(z)$ 可以表示为[132]：

$$T(z)=1+\frac{4\Delta\varphi_0^{(3)}(t)x}{(1+x^2)(9+x^2)}+\frac{8\Delta\varphi_0^{(5)}(t)x}{(1+x^2)^2(25+x^2)} \qquad (4-52)$$

利用式(4-52)进行 Matlab 理论计算。参数为：激光波长为 532 nm，样品透射率为 70%，光强的范围为 $2\times10^{12}\sim30\times10^{12}$ W/m²，三阶非线性折射率系数 γ 约为 6.5×10^{-16}，五阶非线性折射率系数 η 约为 -2.5×10^{-28}。三维曲面图如图 4-5 所示。

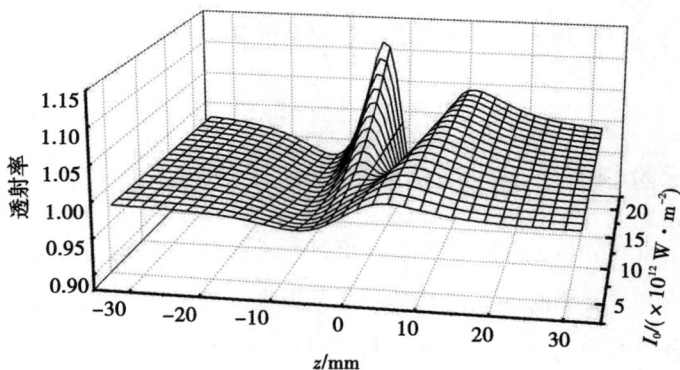

（a）能量范围 $2\times10^{12}\sim20\times10^{12}$ W/m²

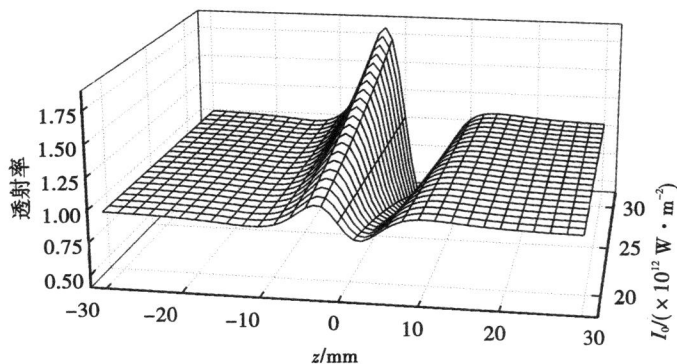

（b）能量范围 $20\times10^{12}\sim30\times10^{12}$ W/m²

图 4-5　符号相反的三阶和五阶非线性折射 Z-scan 透射率 Matlab 理论计算结果

从图 4-5 中可以发现，随着激光能量的增加，透射率曲线由谷-峰形式逐渐转变为谷-峰-谷-峰形式，最终转变为峰-谷形式。也就是说，光强的增加，五阶折射的影响越来越明显，导致透射率曲线形式的变化。

◆◇ 4.4　Ag 纳米粒子非线性折射转化数据分析

接下来将定量估算 Ag 纳米粒子非线性折射效应的重要参数之一——非线性折射率系数。从前面的分析来看，实验过程中应该是发生了比三阶更高的折射现象。为了根据实验数据获得非线性折射率系数，使用式（4-52）对实验所得的数据进行拟合，结果如图 4-6 中的实线所示。理论计算得到三阶和五阶非线性折射率系数，如表 4-1 所示。

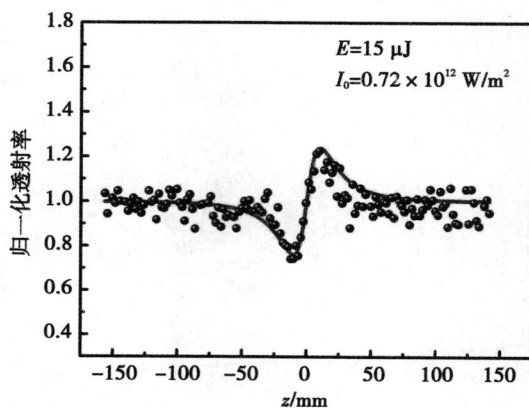

（a）15 μJ

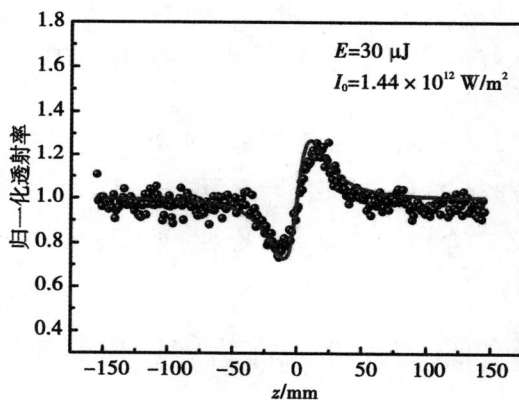

（b）30 μJ

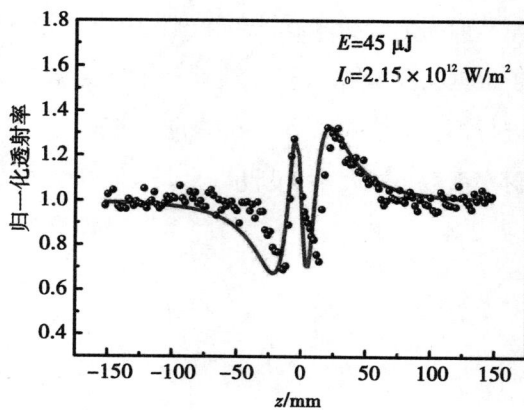

（c）45 μJ

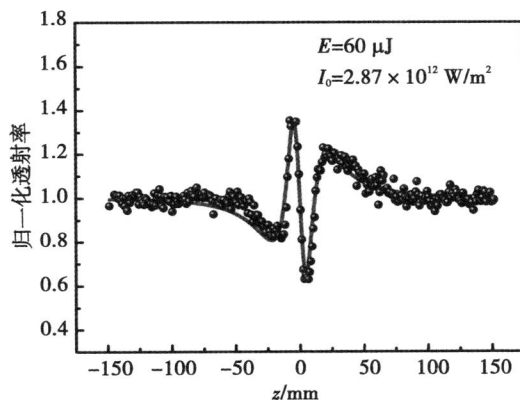

（d）60 μJ

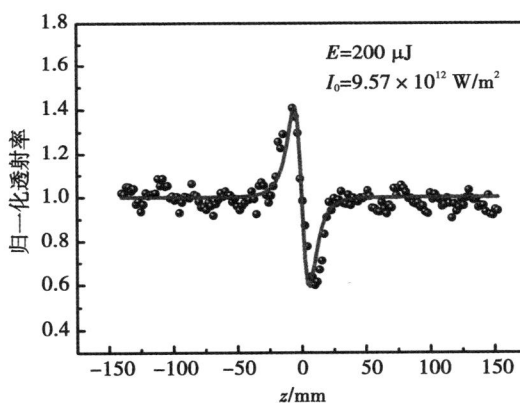

（e）200 μJ

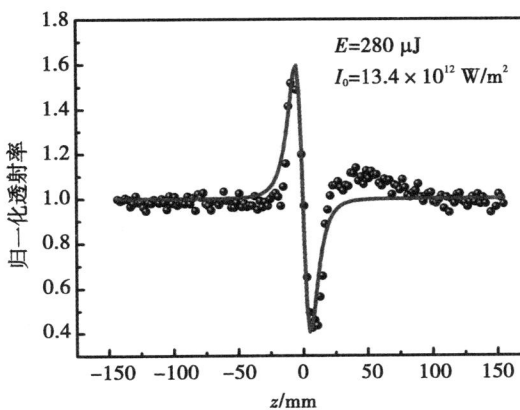

（f）280 μJ

图 4-6 不同激光能量下 Ag 纳米粒子的闭孔 Z-scan 曲线数据拟合结果

表 4-1　不同激光能量下 Ag 纳米粒子的非线性折射率系数

$I_0/(\times 10^{12}\ \mathrm{W\cdot m^{-2}})$	0.72	1.44	2.15	2.87	9.57	13.40
$\gamma/(\times 10^{-17}\ \mathrm{m^2\cdot W^{-2}})$	10.18	8.06	13.20	6.72	0	0
$\eta/(\times 10^{-30}\ \mathrm{m^4\cdot W^{-2}})$	—	-63.36	-204.01	-97.51	-4.11	-2.94

　　根据表 4-1 所得数据可以发现，三阶非线性折射率符号为正并且随着光强的增加单调减小，五阶非线性折射率为负且随光强单调增加，这表明光强的增加出现正的三阶和负的五阶的竞争。当三阶非线性折射起主要作用时，表现出自聚焦性质。反之，当五阶非线性折射起主要作用时，表现出自散焦性质。而当三阶和五阶势均力敌时，自聚焦效应逐渐减小，自散焦效应逐渐增强。Falcão-Filho 等人[132]利用波长为 532 nm 的皮秒激光在 0.1~1.5 GW/cm² 范围内的不同光强下研究了 Ag 纳米粒子的高阶非线性折射，获得的五阶非线性折射系数大约 2.7×10⁻³¹ m⁴/W²，比本书获得的五阶非线性系数在量级上约高出一个量级。值得注意的是，在 Falcão-Filho 等人的实验结果中，五阶产生的效应不足以改变闭孔 Z-scan 的峰–谷形式，随光强增加，始终表现为自散焦行为。而本书实验中五阶非线性折射最终起到了主要作用，导致闭孔 Z-scan 实验结果发生了从自聚焦到自散焦的转化。Oliveira 等人[69]研究了在波长为 532 nm、脉宽为 100 ps 的激光作用下的金纳米棒的高阶非线性折射。Oliveira 等人也观察到了双峰–双谷的 Z-scan 实验结果，并且理论计算得出三阶折射率的量级为 10⁻¹⁴ cm²/W，五阶非线性折射系数量级为 10⁻²³ m⁴/W²，本书的结果和 Oliveira 等人的接近。值得注意的是，Oliveira 等人的实验曲线不对称，这表明，在金纳米棒的非线性折射中有五阶和三阶耦合项。

　　最后，有必要对非线性折射的机理进行解释。有两种效应可以解释非线性折射率的自聚焦和自散焦效应，即热电子机制和热累积效应[48]。溶液中通常提到的热效应是一个缓慢的累积过程，对于水溶液热效应的累积时间约为 30 ns[142]，本实验用到的脉冲宽度为 5 ns。此外，在 Z-scan 实验中，10 Hz 的重复频率在较低强度下可以减少热效应的累积。根据 Hamanaka 等人[143]研究的模型，非线性折射源于热电子的产生。当激发波长远离 Ag 纳米粒子的表面等离子体共振峰时，非线性折射可以自聚焦。实验中低激光能量下的自聚焦与 Hamanaka 等人的理论是一致的。即低激光能量下 Ag 纳米粒子的自聚焦起源于导带中热电子的产生，但是也不能完全排除热累积的贡献。但高激光能量下随着样品温度的升高会导热累积效应占主导地位，从而导致自散焦现象。

◆◇ 4.5　本章小结

本章利用闭孔 Z-scan 技术研究了不同激光能量下 Ag 纳米粒子的非线性折射。研究发现，随着激光能量的增加，Ag 纳米粒子的非线性折射呈现出自聚焦到自散焦的转变。在弱激光能量下发生自聚焦，在强激光能量下发生自散焦，在中等激光能量下发生自聚焦向自散焦的转化。以三阶非线性折射理论为基础研究了高阶非线性折射的理论模型，推导了五阶非线性折射的 Z-scan 透射率表达式，并得到了与光强相关的三阶和五阶非线性折射转化的模型。分析模型可以发现，激光能量可诱发符号相反的三阶和五阶非线性折射行为的转化。理论计算表明，三阶和五阶折射率系数量级分别为 10^{-17} m^2/W 和 10^{-30} m^4/W^2。

第5章 Ag 纳米粒子非线性吸收和折射的尺寸效应

◆ 5.1 引言

非线性光学材料(如半导体量子点[144-145]、复合纳米材料[146-147]和金属纳米颗粒[148-150])由于其独特的性质和潜在的应用已被广泛研究。在激光激励下,贵金属纳米粒子导带中自由电子的集体振动发生的表面等离子体共振[151-152],可导致局部磁场增强和三阶磁化率增加[153-154]。因此,金属纳米颗粒被广泛应用于光开关[155]、光限幅[65]、生物传感器和信息存储[156]等领域。Au 和 Ag 纳米颗粒的表面等离子体共振区在可见光波段,因此受到了特别的关注。与 Au 相比,Ag 纳米粒子的表面等离子体共振和带间吸收明显分离,导致 Ag 纳米粒子具有更高的表面等离子体共振效率。

Ag 纳米颗粒的非线性光学特性受激光能量[48, 62]、波长[47, 157-158]和纳米颗粒的尺寸以及形状[47, 159]的影响。2012 年,Hari 等人[62]使用波长为 532 nm 的纳秒激光研究了 Ag 纳米颗粒的非线性光学特性。在研究中,Hari 等人发现当激光强度从 28.1 MW/cm² 增加到 175.8 MW/cm²时,样品的非线性吸收行为从饱和吸收变为反饱和吸收。认为基态等离子体漂白是饱和吸收形成的原因,而反饱和吸收来自激发态吸收。2015 年,Zhang 等人[158]使用 130 fs 激光研究了 Ag 三角形纳米板的光学非线性响应特性。使用的激光波长分别为750,800,850 和 900 nm。观察到 Ag 纳米板的非线性吸收特性与波长有关,并且三阶极化率明显大于其他形状的 Ag 纳米材料。

2012 年,Fan 等人[54]研究了 Ag 纳米粒子在不同能量下的非线性折射,研究结果表明能量对非线性折射性质和非线性折射系数没有影响。2019 年,

Ganeev 等人[157]观察到 Ag 纳米线在不同激发波长下的非线性折射行为表现出自聚焦到自散焦的转换，同年，Allu 等人[47]的研究得出了类似的结论。

近年来，关于 Ag 纳米粒子的非线性光学性质的尺寸效应也受到了关注。Fan 等人在红外波段使用飞秒激光研究了 Ag 纳米粒子的非线性吸收和非线性折射[54]。观察到小尺寸 Ag 纳米颗粒的非线性光学特性不明显，而大尺寸 Ag 纳米颗粒表现出饱和吸收和自聚焦行为。2019 年，Maurya 等人[55]研究了 Ag 纳米颗粒的非线性吸收的尺寸效应。在 400 nm 波长下，非线性吸收表现为饱和吸收，一些样品在 800 nm 波长下随着激光能量的增加表现出从饱和吸收到反饱和吸收的转化。以上这些针对 Ag 纳米颗粒非线性光学的尺寸效应的研究中，激发波长有的远离共振区，有的处于共振区。而在等离子体共振区域附近的可见光波段激发下研究 Ag 纳米粒子非线性吸收和非线性折射的尺寸效应也很有意义。

本章将利用 Z-scan 技术在激发波长为 532 nm 的条件下研究 Ag 纳米粒子的非线性吸收和非线性折射的尺寸效应。通过对实验数据的分析，得到饱和强度、双光子吸收系数和非线性折射系数等光学参数，并从理论上讨论非线性吸收和非线性折射发生的物理机制。

实验用到的 Ag 纳米粒子由先丰纳米公司提供，使用 TEM 对其形貌进行表征，样品的 TEM 图像如图 5-1 所示，从中可以看出三种样品均为球形颗粒，S1，S2 和 S3 的平均粒径分别为 10，20 和 40 nm，尺寸分布均匀并具有良好的分散性。

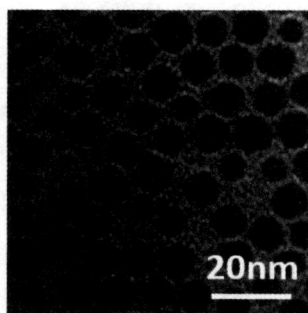

20nm

(a)S1

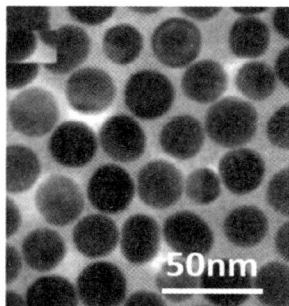

（b）S2

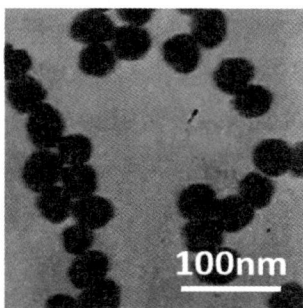

（c）S3

图 5-1　不同尺寸的样品 TEM 图

　　图 5-2 是用紫外-可见分光光度计测量的三个样品的线性吸收谱。从中可以看到 S1，S2 和 S3 的表面等离子体共振峰分别在 410，397 和 407 nm 处，当粒径从 40 nm 减小到 20 nm 时，表面等离子体共振峰发生蓝移。这是因为在外加光场的作用下，较大粒子的高阶多极振动模式不可忽略。当纳米颗粒尺寸从 20 nm 减小到 10 nm 时，吸收峰呈现红移，这是因为颗粒尺寸较小时偶极振动是消光的主要影响因素。当纳米颗粒的尺寸非常小时，纳米颗粒的电子密度降低导致自由电子等离子体的频率降低。因此，等离子体共振峰发生红移。

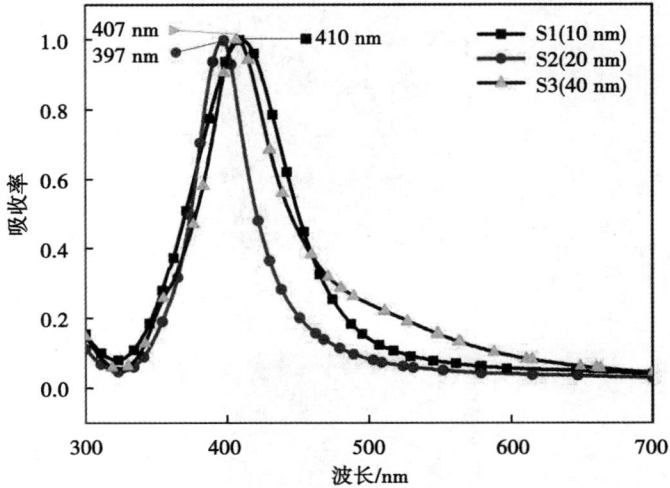

图 5-2　样品的线性吸收光谱

◆◇ 5.2　Ag 纳米粒子非线性吸收的尺寸效应

　　用开孔 Z-scan 测量 Ag 纳米粒子的非线性吸收，波长为 532 nm 的纳秒脉冲激光作为光源，使用可变衰减器控制激光能量并获得能量分别为 6，10 和 20 μJ 的激光，相应焦点处的光强分别为 $0.88×10^{12}$，$1.46×10^{12}$ 和 $2.92×10^{12}$ W/m²。将 Ag 纳米粒子样品填充在 2 mm 的样品池中进行 Z-scan 实验。S1 的开孔 Z-scan 结果如图 5-3 所示，（a）~（c）分别对应峰值强度为 $0.88×10^{12}$，$1.46×10^{12}$ 和 $2.92×10^{12}$ W/m² 下的实验结果。从图 5-3 可以看出，光强的增加没有改变 S1 的开孔 Z-scan 实验曲线的形状。始终保持焦点 $z=0$ 处的光透射率最大，两侧的光透射率下降。这表明在不同光强下 S1 的非线性吸收始终为饱和吸收。同时，随激光能量的增加，样品的归一化透过率的峰值增加。在很多研究中也观察到了类似的现象，饱和吸收被认为是基态等离子体漂白的结果。

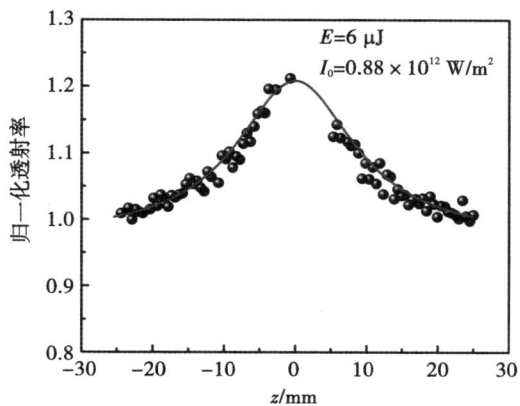

（a）6 μJ

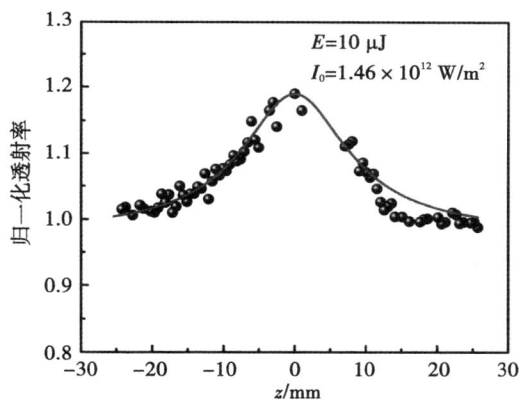

（b）10 μJ

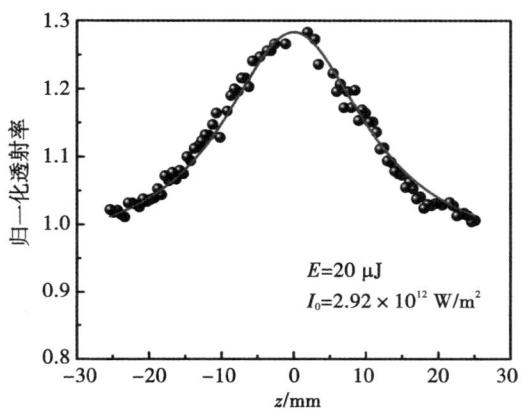

（c）20 μJ

图 5-3　样品 S1 的开孔 Z-scan 曲线

　　S2 和 S3 的开孔 Z-scan 结果如图 5-4 和图 5-5 所示,两图中的(a)~(c)分别对应峰值强度为 0.88×10^{12}, 1.46×10^{12} 和 2.92×10^{12} W/m² 的实验结果。从图 5-4 和图 5-5 可以发现,S2 和 S3 表现出相似的非线性吸收。$z=0$ 处的透射率最小,$z=0$ 两侧的透射率在某一对称位置最大。这表明 S2 和 S3 的非线性吸收均发生了饱和吸收向反饱和吸收的转化。综合考虑图 5-3~图 5-5 实验测量结果,发现不同尺寸的 Ag 纳米粒子在相同能量激发下非线性吸收行为有所不同。据此,可以认为 Ag 纳米粒子的非线性吸收性质具有尺寸效应。

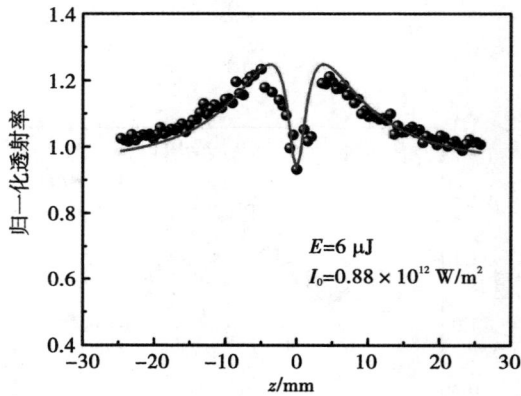

$E=6\ \mu J$
$I_0=0.88\times10^{12}$ W/m²

(a)6 μJ

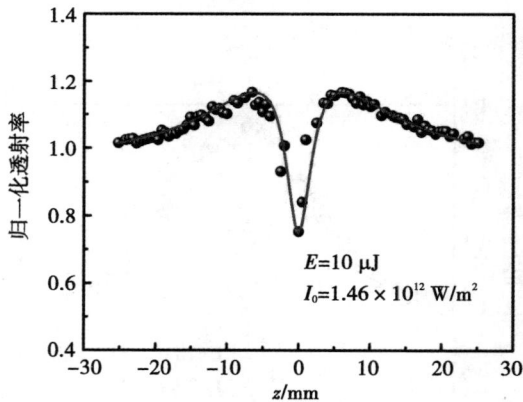

$E=10\ \mu J$
$I_0=1.46\times10^{12}$ W/m²

(b)10 μJ

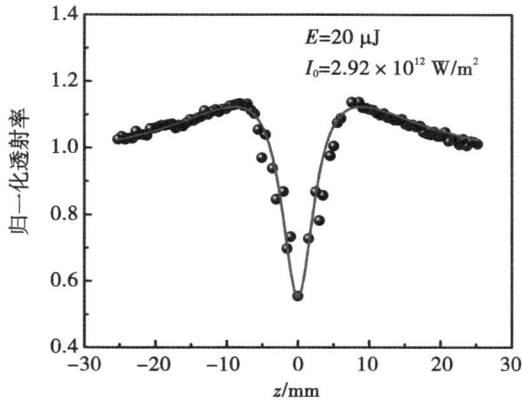

（c）20 μJ

图 5-4　样品 S2 的开孔 Z-scan 曲线

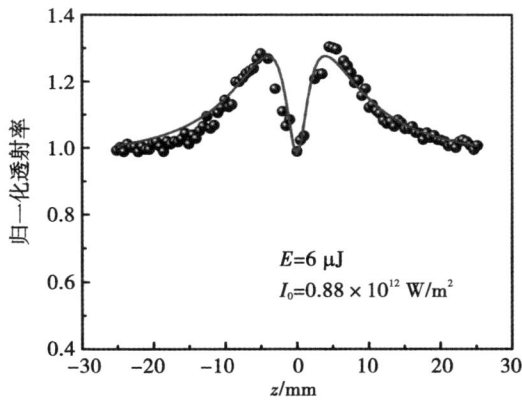

（a）6 μJ

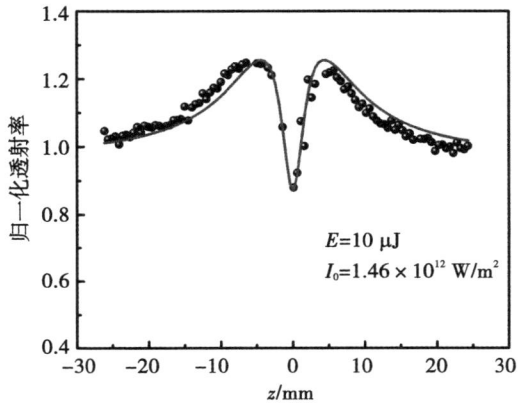

（b）10 μJ

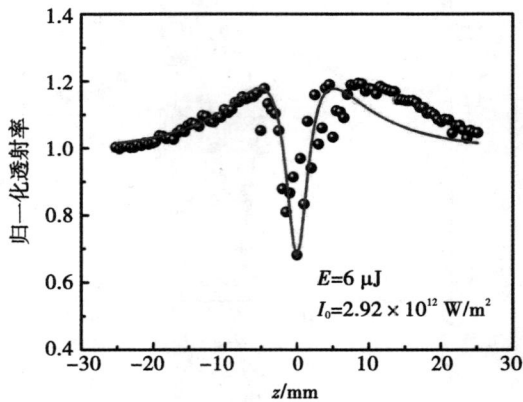

（c）20 μJ

图 5-5　样品 S3 的开孔 Z-scan 曲线

接下来，从能带结构和电子跃迁角度解释 Ag 纳米粒子非线性吸收的尺寸效应。众所周知，Ag 纳米粒子的光学特性由 d 带中最外层电子和 s-p 导带中的自由电子决定[48, 54, 157]。纳米粒子的光吸收特性与电子的两种跃迁行为有关，分别为传导电子在 s-p 带中的带内跃迁，以及 d 带和 s-p 导带之间的带间跃迁。带间跃迁必须克服约 4 eV 的带隙，带隙宽度与纳米颗粒的尺寸无关。使用波长 532 nm 的激光（约 2.33 eV）有引起带间双光子吸收的可能，这会在开孔 Z-scan 中产生谷。然而，三种尺寸样品的 Z-scan 实验结果的不同可以排除带间跃迁的发生。从另外一个方面看，在光脉冲的激发下，外场引起导带中电子的集体振荡。大部分自由电子从基态跃迁到激发态，导致基态自由电子减少，形成基态的等离子体漂白。当样品远离焦点时，微弱的光强不会引起非线性吸收，所以透射率恒定。但是，当样品移动到焦点时，中等光强引起基态等离子体的漂白，基态没有多余的自由电子来吸收光子，导致 $z=0$ 附近的透射率增加。因此，Z-scan 曲线中峰的产生源自基态的等离子体漂白。费米能级附近的占据态密度（DOS）与纳米颗粒的尺寸有关[54]。然而，尺寸大于 10 nm 的纳米粒子在第一激发态具有更多 DOS。在相同激光照射下，尺寸为 10 nm 的粒子第一激发态容纳跃迁电子数较少，因此，导带基态电子的激发不足导致饱和吸收。对于另外两种尺寸的 Ag 纳米粒子，由于第一激发态可以容纳大量的跃迁电子，导带基态电子在样品移动至 $z=0$ 之前已经被充分激发到激发态。随着样品接近 $z=0$，光强接近峰值强度，处于第一激发态的电子继续吸收光子跃迁到更高的激发态。激发态吸收导致开孔 Z-scan 结果在 $z=0$ 处出现谷。当然，带内双光子吸收也会发生[55, 152]。综上所述，Ag 纳米粒子的饱和吸收是由基态等离子体漂白引起的，饱和吸收和反饱和吸收的共存主要是导带电子的激发态吸收的结果。

为了定量描述不同尺寸 Ag 纳米粒子的非线性吸收特性，获得饱和光强 I_s 和非线性吸收系数 β，采用式（3-21）拟合实验数据，拟合结果如图 5-3、图 5-4 和图 5-5 中的实线所示。饱和光强 I_s 和非线性吸收系数 β 的理论计算结果如表 5-1 所示。

表 5-1　S1~S3 的饱和光强 I_s 和非线性吸收系数 β

样品	$I_0 = 0.88\times10^{12}$ W・m^{-2}		$I_0 = 1.46\times10^{12}$ W・m^{-2}		$I_0 = 2.92\times10^{12}$ W・m^{-2}	
	$I_s/(\times10^{11}$ W・m^{-2})	$\beta/(\times10^{-10}$ m・W^{-1})	$I_s/(\times10^{11}$ W・m^{-2})	$\beta/(\times10^{-10}$ m・W^{-1})	$I_s/(\times10^{11}$ W・m^{-2})	$\beta/(\times10^{-10}$ m・W^{-1})
S1	0.44	—	0.73	—	1.46	—
S2	0.29	4.89	0.49	2.26	0.97	1.44
S3	0.55	3.63	0.91	2.74	1.82	1.49

◆◇ 5.3　Ag 纳米粒子非线性折射的尺寸效应

开孔 Z-scan 和闭孔 Z-scan 是同时进行的。样品 S1 在光强为 0.88×10^{12}，1.46×10^{12} 和 2.92×10^{12} W/m^2 下的非线性折射测量结果如图 5-6 所示。从图中可以看出，样品 S1 表现出不明显的非线性折射。

样品 S2 的非线性折射测量结果如图 5-7 所示。很明显，在与 S1 同样激发条件下，S2 表现出明显的非线性折射，而且由于激光能量增加导致了复杂的非线性折射行为。在激光能量为 0.88×10^{12} W/m^2 时非线性折射不显著，当激光能量为 1.46×10^{12} W/m^2 时表现为自散焦行为，当激光能量为 2.92×10^{12} W/m^2

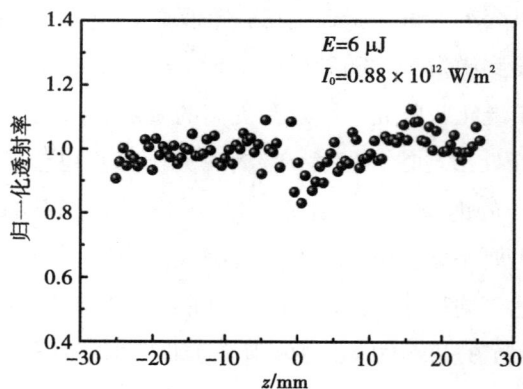

(a) 6 μJ

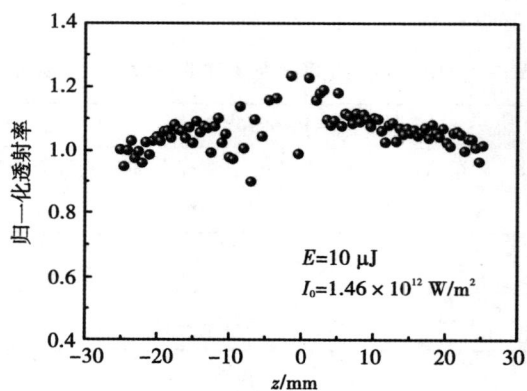

(b) 10 μJ

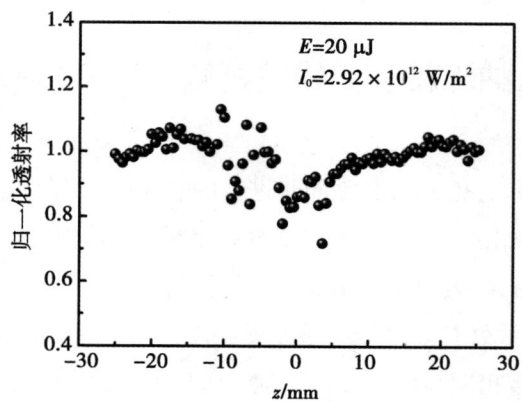

(c) 20 μJ

图 5-6　S1(10 nm) 的非线性折射测量结果

时，Z-scan 曲线表现出双峰-谷。样品 S3 的非线性折射测量结果如图 5-8 所示，在激光能量 0.88×10^{12} W/m² 和 1.46×10^{12} W/m² 下表现自散焦，当激光能量为 2.92×10^{12} W/m² 时，在非线性折射曲线中也出现了双峰-谷。有几个工作组报道了某些材料非线性折射表现出双峰-谷的自聚焦和自散焦共存行为。例如，Chen 等人[150] 在金纳米棒的闭孔 Z-scan 实验中观察到了双峰-谷结果，认为符号相反的三阶和五阶折射导致的自聚焦和自散焦共存。Ganeev 等人[157] 对伪异氰(PIC)染料水溶液的研究也得到了双峰-谷，Ganeev 等人也认为是激光激发导致 PIC 出现了符号相反的三阶和五阶非线性折射行为。对于 S2 和 S3 在激光能量为 2.92×10^{12} W/m² 时的双峰-谷也可以认为是符号相反的三阶和五阶折射导致的自聚焦和自散焦共存。

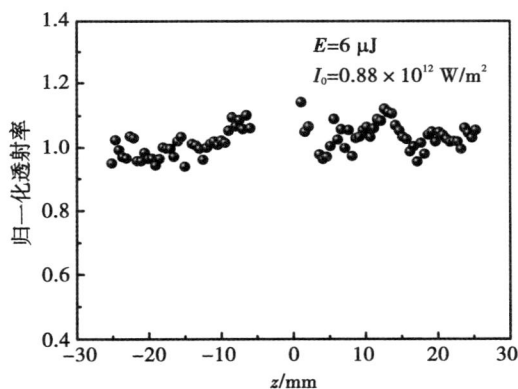

(a) 6 μJ

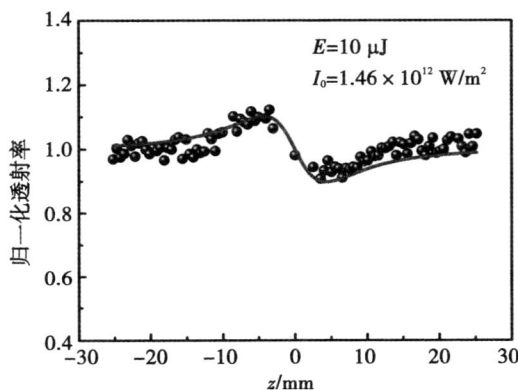

(b) 10 μJ

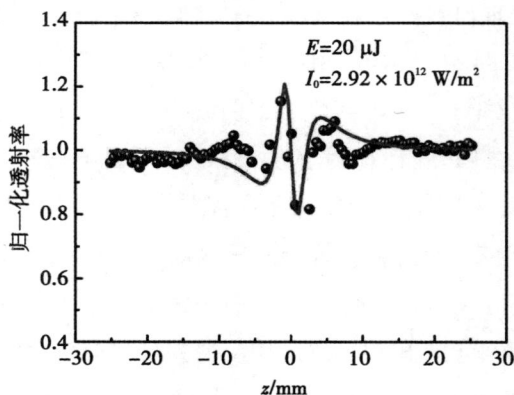

（c）20 μJ

图 5-7　S2(20 nm)的非线性折射测量结果

为了获得 Ag 纳米粒子的非线性折射率系数，使用式(4-52)拟合实验数据，拟合结果如图 5-8 中的实线所示。由于 10 nm 样品在三个能量激发下非线性折射不明显，因此并未对实验数据进行拟合。同样，20 nm 的样品在 0.88 ×10^{12} W/m^2的激发下非线性折射效应也不显著，因此也没有进行数据拟合。数值计算获得的三阶和五阶非线性折射率系数列于表 5-2 中。

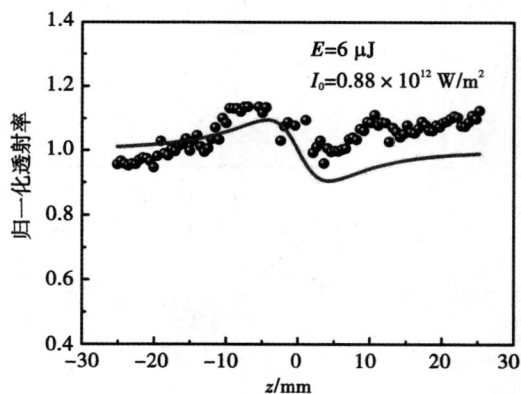

（a）6 μJ

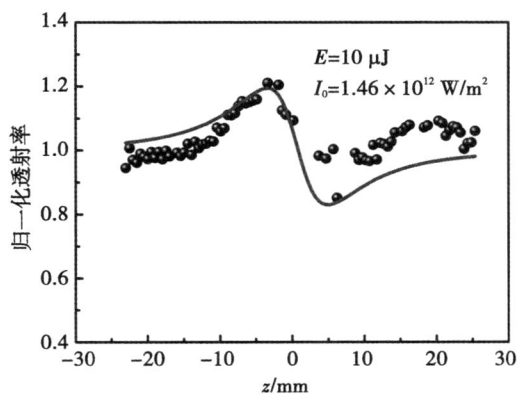

（b）10 μJ

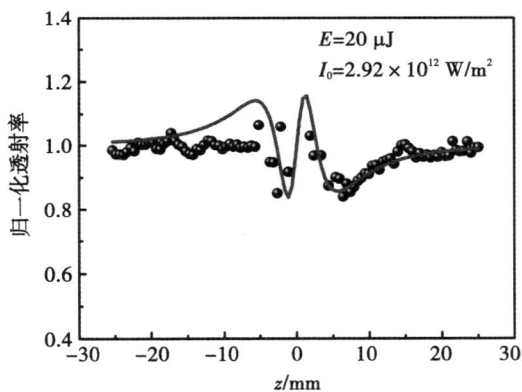

（c）20 μJ

图 5-8　S3(40 nm) 的非线性折射测量结果

表 5-2　S1~S3 的非线性折射率系数

样品	$I_0 = 0.88 \times 10^{12}$ W·m^{-2}	$I_0 = 1.46 \times 10^{12}$ W·m^{-2}	$I_0 = 2.92 \times 10^{12}$ W·m^{-2}	
	$\gamma/(\times 10^{-17}$ m^2·W$^{-1})$	$\gamma/(\times 10^{-17}$ m^2·W$^{-1})$	$\gamma/(\times 10^{-17}$ m^2·W$^{-1})$	$\eta/(\times 10^{-28}$ m^4·W$^{-2})$
S1	—	—	—	—
S2	—	-1.73	2.96	-7.81
S3	-2.79	-3.13	-3.64	1.73

激光激发下材料的自聚焦和自散焦效应的机理可以从电子机制和热效应两个角度进行阐释[54, 147]。根据已有报道，可以将本研究中 Ag 纳米粒子的自聚焦归因于导带中热电子的机制，当热累积效应占主导地位时导致自散焦。

◆◇ 5.4 本章小结

本章研究了不同尺寸 Ag 纳米粒子在不同能量下的非线性光学特性。研究结果表明，Ag 纳米粒子的非线性光学特性是与尺寸相关的。在非线性吸收方面，10 nm 的 Ag 纳米粒子表现出饱和吸收，而 20 nm 和 40 nm 的 Ag 纳米粒子表现出饱和吸收和反饱和吸收共存。从能带结构和电子跃迁角度分析得出饱和吸收是基态等离子体漂白导致的，而反饱和吸收是包括双光子吸收在内的激发态吸收的结果。在非线性折射方面，10 nm 的 Ag 纳米粒子非线性折射不明显，而 20 nm 和 40 nm 的 Ag 纳米粒子表现出与能量相关的复杂的非线性折射行为，分别从热电子和热累积效应的角度解释自聚焦和自散焦行为产生的机理。

第6章 Ag 纳米粒子超快动力学过程研究

◆◇ 6.1 引言

前面的章节从不同方面研究了 Ag 纳米粒子的非线性响应，在关注非线性行为本身的同时，Ag 纳米粒子非线性响应的超快特性也引起了广泛关注[55, 70]。这是因为在某些应用场合，激光作用下 Ag 纳米粒子内部载流子的动力学过程以及能量弛豫寿命等参数会影响甚至决定其应用价值。例如，可以考虑将基于 Ag 纳米粒子的反饱和吸收特性而产生的光限幅性能应用于激光防护领域，为了产生实时防护效果，期望超快动力学过程具有较快的响应时间。再举一个例子，某些光纤传感应用中，为了提高灵敏度而引入 Ag 纳米粒子，这样不但能更好地利用 Ag 纳米粒子的表面等离子体共振效应，而且考虑到了 Ag 纳米粒子超快的时间响应。

早在 1995 年，Roberti 等人[70]研究了尺寸为 4 nm 和 10 nm 的 Ag 纳米颗粒的超快动力学过程。观察到这两种尺寸的 Ag 纳米粒子超快动力学过程类似，快速衰减弛豫时间常数约为 2 ps，慢衰减弛豫时间约为 40 ps。此外，解释了超快动力学的尺寸无关性的原因。Roberti 等人认为电子弛豫受固体粒子中声子的态密度和声子的能级两个因素的影响，两个因素之间竞争使整体弛豫动力学独立于尺寸。然而，Roberti 等人强调需要在更大的尺寸范围内全面地描述动力学的尺寸效应。后来很多科研团队都对 Ag 纳米粒子的超快动力学进行了研究，但是关于 Ag 纳米粒子超快动力学过程的尺寸效应的研究直到 2019 年才又被 Maurya 等人[55]开展，使用波长为 400 nm、脉冲宽度为 35 fs 的激光研究了尺寸为 25，30，37 和 38 nm 的 Ag 纳米颗粒的超快动力学。观察到不同尺寸的 Ag 纳米粒子的电子–声子能量交换的快速衰减时间常数存在差异。平均直径为25，30，37和38 nm的样品的快速衰减时间常数分别为1.8，2.1，2.3和1.5 ps。Maurya等人认为，在允许的误差范围内，Ag纳米颗粒的动力学过程几乎与尺寸无关，这是样品尺寸分布相对较宽导致的。

近年来，纳米颗粒制备技术的快速发展使得制备尺寸可控、粒径均匀的纳米粒子成为可能，这为研究纳米粒子的非线性光学性质及超快动力学的尺寸效应提供了条件。

本章首先采用飞秒白光泵浦-探测技术针对 Ag 纳米粒子的超快动力学过程的尺寸效应过程进行研究。实验用飞秒激光器产生波长为400 nm 的飞秒激光作为泵浦光，超连续白光作为探测光，研究飞秒激光激发下 Ag 纳米粒子内部载流子的弛豫过程和弛豫寿命。实验用到的超连续白光光谱范围为450~760 nm，而对于常见的近红外波段的800 nm 的探测波长无法实验研究。为此，本章还将用400 nm 的飞秒激光作为泵浦光及800 nm 的激光作为探测光进行实验研究激光激发后 Ag 纳米粒子对800 nm 光的响应。

◆◇ 6.2　Ag 纳米粒子的超快动力学过程

本节利用飞秒白光泵浦-探测技术研究 Ag 纳米粒子的超快动力学过程。以 10 nm 的 Ag 纳米颗粒为研究对象，在不同泵浦功率下进行实验。

实验中所用比色皿的厚度为 2 mm，激光功率为 8，10，13 mW。测试样品为直径 10 nm 的 Ag 纳米球，与第 4 章以及第 5 章的尺寸为 10 nm 的样品系同一样品，故表征在此不做赘述。

6.2.1　Ag 纳米粒子可见光区瞬态吸收过程

白光泵浦-探测实验装置在第 2.3 节已经详细介绍，在此不做赘述。实验实施过程中，以中心波长 400 nm 的脉冲激光作为泵浦光，超连续白光为探测光。测试获得的样品的瞬态吸收光谱如图 6-1 所示。从图中可以读出时间-波长-瞬态透射率三个维度的信息，图中显示了特定时刻和波长下的瞬态透射率，由图可见，泵浦光激发后样品的透射率发生明显变化，并且在450~475 nm 波长范围内透射率变化比较明显。从电子跃迁和能带结构看，当泵浦光激发 Ag 纳米粒子时，基态粒子吸收光子能量跃迁到激发态，结果导致基态粒子数减少，从而对光的吸收能力减弱。因此泵浦后的极短时间内样品对光的吸收很少导致光透射率增加,即发生了基态等离子体漂白。图 6-1 也显示了在 450～475 nm 波段内存在明显的基态等离子体漂白信号。

图 6-2 分别为泵浦光功率为 8,10 和 13 mW 下不同延迟时间的瞬态光谱。从中可以发现,在泵浦光激发前 0.5 ps 时(图中黑色实线)瞬态透射率基本恒定,曲线基本平行于横轴,值得注意的是,因为测试系统无法避免的噪声干扰,导致曲线有一定程度的波动。泵浦光激发后的几皮秒内差分透射率急剧变化,尤其在近表面等离子体共振区差分透射率的增加更加明显,这个过程通常被认为是电子和声子之间的能量耦合过程。在几十皮秒内差分透射率逐渐恢复到泵浦激发前的状态,这个过程被认为是声子和周围介质的能量弛豫过程。

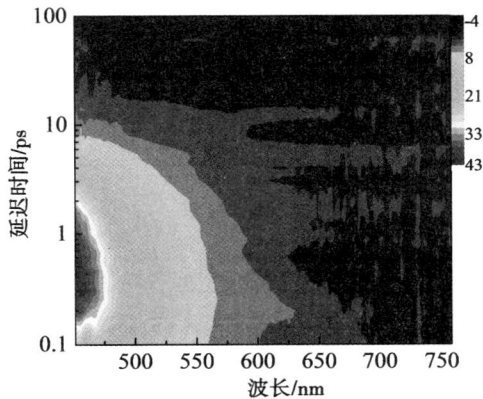

(a)

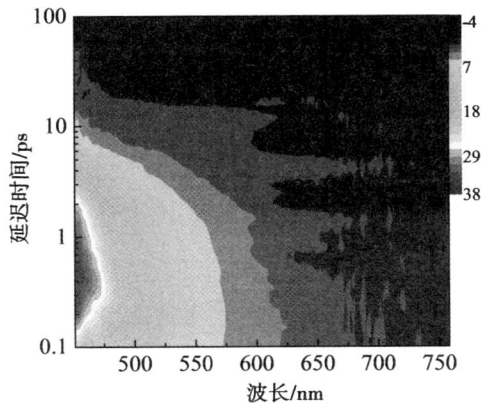

(b)

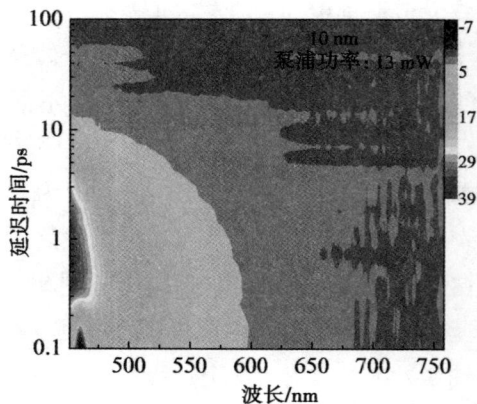

（c）

图 6-1　不同延迟时刻的 Ag 纳米粒子的瞬态吸收光谱

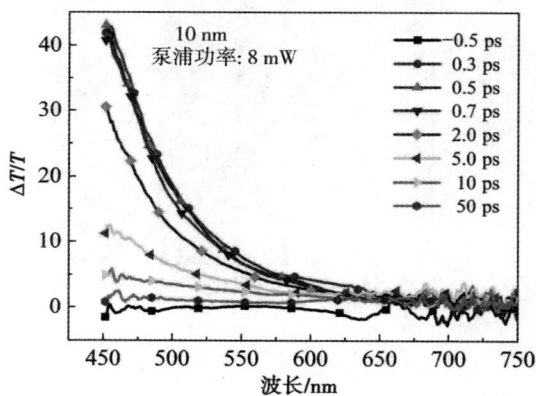

（a）

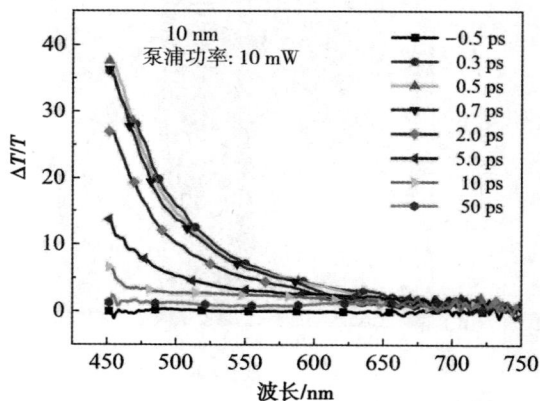

（b）

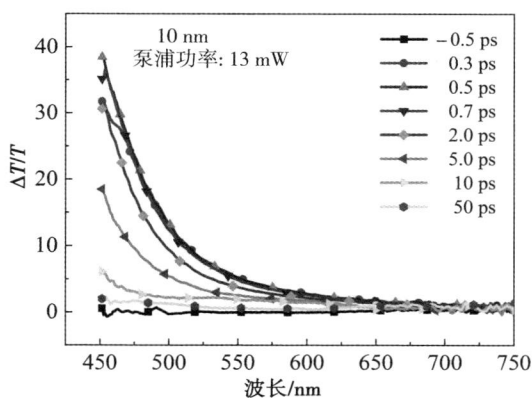

（c）

图 6-2　不同泵浦功率下 Ag 纳米粒子瞬态吸收二维光谱

在 8，10 和 13 mW 泵浦功率下，从图 6-2 的瞬态吸收谱中提取探测波长为 532 nm 时超快动力学实验数据曲线，如图 6-3 方形散点所示。可以确定衰减过程包括一个快速过程和一个缓慢过程。前者被广泛认为是电子-声子相互作用，后者归因于声子与周围介质的能量弛豫作用。

瞬态差分透射率 $\Delta T/T$ 是由材料内部载流子的超快弛豫过程引起的，$\Delta T/T$ 和两个衰减过程持续时间的关系可以使用双 e 指数衰减模型来描述[113]：

$$\frac{\Delta T}{T} = A_1 \exp\left(-\frac{t}{\tau_1}\right) + A_2 \exp\left(-\frac{t}{\tau_2}\right) \tag{6-1}$$

式中，τ_1 和 τ_2，A_1 和 A_2——两个慢衰减过程的时间常数和幅度。

为了定量分析 Ag 纳米粒子的超快过程，使用式（6-1）对动力学曲线进行拟合，其拟合结果曲线如图 6-3 中的实线所示，电子-声子散射和声子-声子耦合过程弛豫寿命的拟合参数如图 6-3 中的标注所示，能够看到不同能量激发下快衰减过程一般为 3.6~4.2 ps，慢衰减过程一般为 46.2~51.5 ps，两个衰减过程的弛豫时间随泵浦功率的增加略有增大。

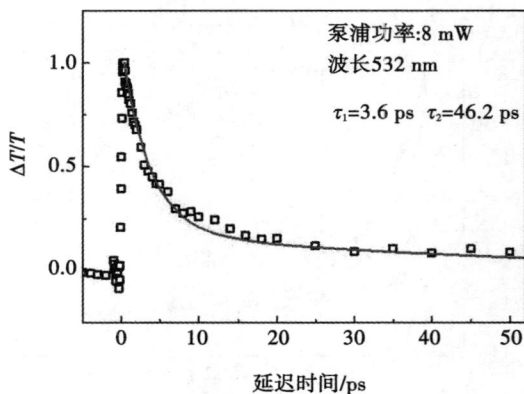

（a）8 mW

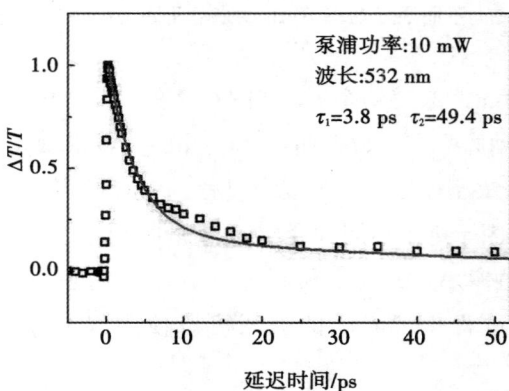

（b）10 mW

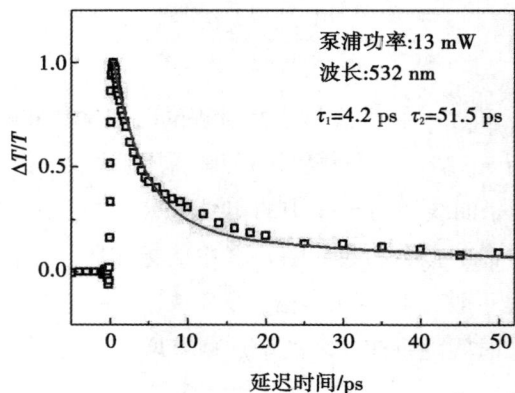

（c）13 mW

图 6-3　400 nm 飞秒激光泵浦 532 nm 探测波长下 Ag 纳米粒子的超快动力学曲线

6.2.2　Ag 纳米粒子不同探测波长的超快动力学过程

在前面实验数据的基础上，提取了各泵浦功率下的多个探测波长的载流子动力学曲线。图 6-4 为 8 mW 的泵浦功率下，在 450~625 nm 波长范围内以 25 nm 为步长提取的 8 条载流子动力学曲线。可以发现在不同探测波长下的动力学过程是类似的，即在泵浦光的激发下发生电子-电子、电子-声子以及声子-声子的耦合过程。应用式(6-1)对动力学实验数据进行拟合，得到各个探测波长下的弛豫寿命，列于表 6-1 中。从表中数据可以发现，不同探测波长下快衰减的弛豫寿命差别不大，均为 3.5~3.6 ps，而慢衰减的弛豫时间为 40.3~54.2 ps，并且慢过程的衰减寿命随探测波长的增加呈现增加的趋势。

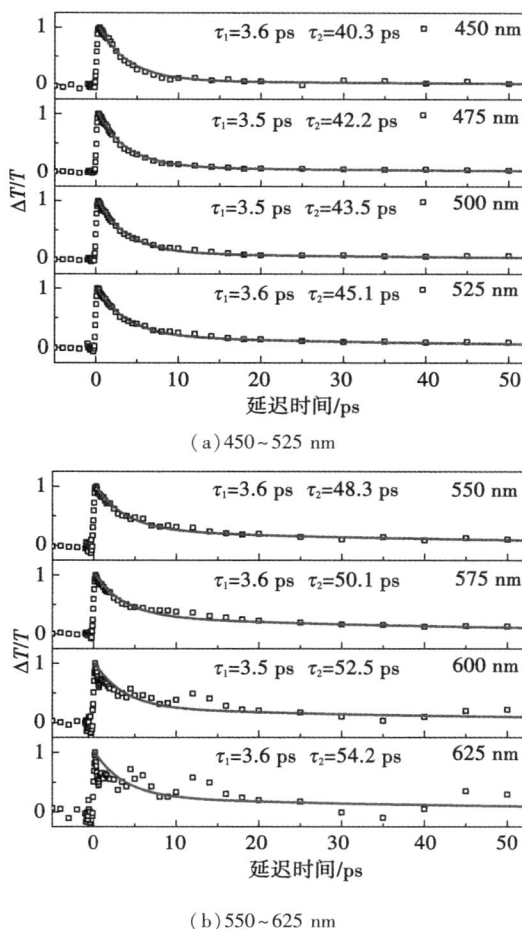

（a）450~525 nm

（b）550~625 nm

图 6-4　8 mW 的 400 nm 飞秒激光泵浦不同探测

波长下 Ag 纳米粒子的超快动力学曲线

表 6-1　8 mW 功率下 Ag 纳米粒子的弛豫拟合结果

探测波长/nm	t_1/ps	t_2/ps
450	3.6	40.3
475	3.5	42.2
500	3.5	43.5
525	3.6	45.1
550	3.6	48.3
575	3.6	50.1
600	3.5	52.5
625	3.6	54.2

　　为了使探测波长对弛豫寿命影响的研究结果更可靠, 在泵浦功率为 10 mW 和 13 mW 下也分别提取了不同探测波长的动力学曲线并示于图 6-5 中。使用式(6-1)处理了实验数据, 得到载流子弛豫寿命并列于表 6-2 中。

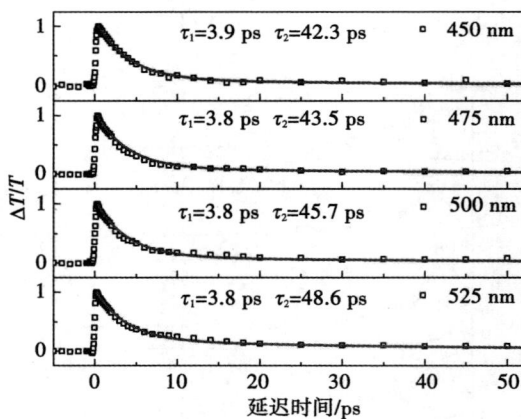

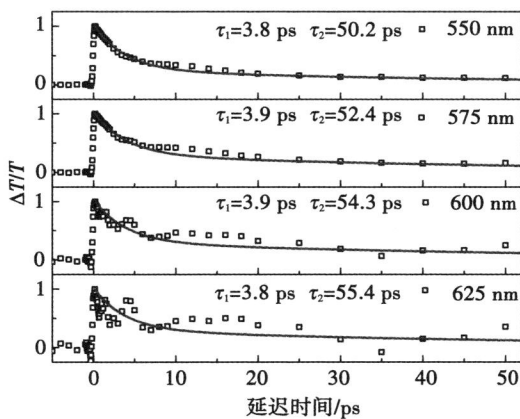

（a）10 mW

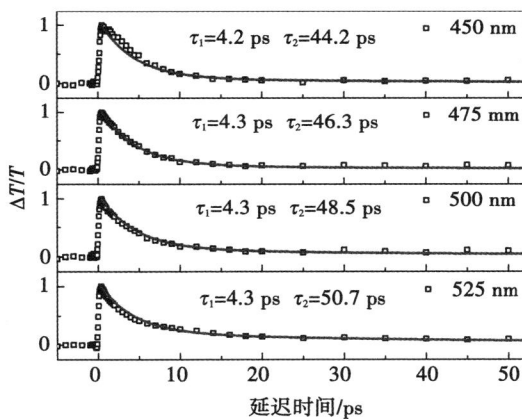

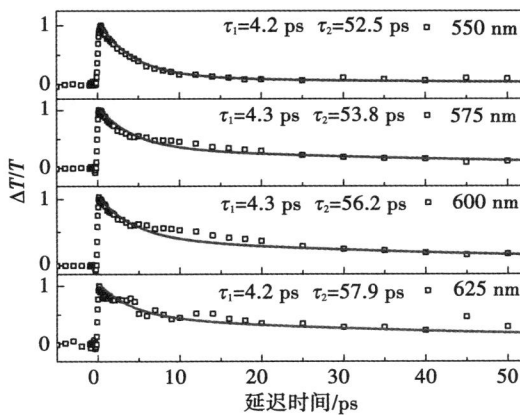

（b）13 mW

图 6-5　不同泵浦功率下 Ag 纳米粒子的超快动力学曲线

表 6-2　10 mW 和 13 mW 下 Ag 纳米粒子的弛豫寿命拟合结果

探测波长/nm	泵浦功率/mW	t_1/ps	t_2/ps	探测波长/nm	泵浦功率/mW	t_1/ps	t_2/ps
450	10	3.9	42.3	450	13	4.2	44.2
475	10	3.8	43.5	475	13	4.3	46.3
500	10	3.8	45.7	500	13	4.3	48.5
525	10	3.8	48.6	525	13	4.3	50.7
550	10	3.8	50.2	550	13	4.2	52.5
575	10	3.9	52.2	575	13	4.3	53.8
600	10	3.9	54.3	600	13	4.3	56.2
625	10	3.8	55.4	625	13	4.2	57.9

　　表中数据可以印证 6.2.2 节在 8 mW 的泵浦功率下得到的关于探测波长增加慢衰减过程弛豫寿命增加的结论。另外，比较同一个探测波长，随着的泵浦功率增大，两个衰减过程的弛豫寿命均有所增加。

◆◇ 6.3　Ag 纳米粒子超快动力学过程的尺寸效应

　　6.2 节研究了不同泵浦能量下 Ag 纳米粒子的超快动力学过程，得到了激光激发下载流子动力学的弛豫过程以及弛豫寿命与泵浦能量的关系，并且探究了不同探测波长载流子动力学过程及寿命。而本节将侧重研究 Ag 纳米粒子的超快动力学过程的尺寸效应。

6.3.1　Ag 纳米粒子白光瞬态吸收光谱

　　为了研究 Ag 纳米粒子非线性光学的超快动力学过程的尺寸效应，对 20 nm 和 40 nm 两个尺寸的样品进行测试。采用飞秒白光泵浦–探测技术测量了飞秒瞬态吸收光谱，实验用到的样品与第 5 章为同一样品，故样品表征在此不做赘述。在脉冲宽度为 130 fs，重复频率为 10 Hz，激发波长为 400 nm，功率为 8 mW 的泵浦光激发超连续谱白光探测下，得到尺寸分别为 20 nm 和 40 nm 的 Ag 纳米粒子的白光吸收光谱变化如图 6-5（a）（b）所示，同时提取不同时刻的瞬态吸收谱如图 6-5（c）（d）所示。

从瞬态吸收光谱看，这两种尺寸的瞬态吸收谱与 6.2.2 中图 6-1 中所呈现的 10 nm 的 Ag 纳米粒子结果类似，都在 450~475 nm 波段范围为明显的基态漂白信号，当 Ag 纳米粒子被波长为 400 nm 的激光激发时，基态等离子体漂白使得被泵浦和未经泵浦两种条件下探测光经样品后透射率发生变化。同时，这三种尺寸的 Ag 纳米粒子的线性吸收峰都位于 410 nm 附近，图 6-5（c）（d）瞬态吸收光谱在 450~475 nm 波段内等离子体共振漂白能带位置与线性吸收光谱一致。

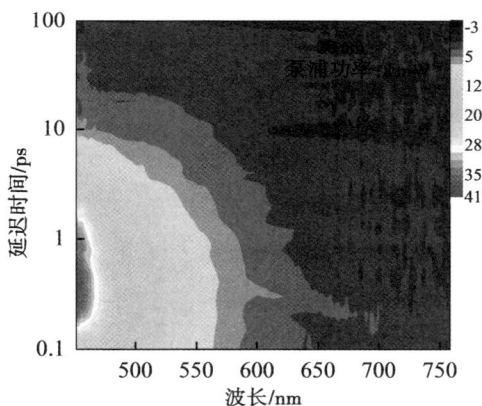

（a）20 nm

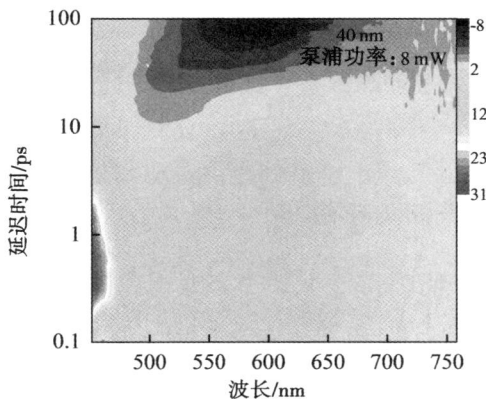

（b）40 nm

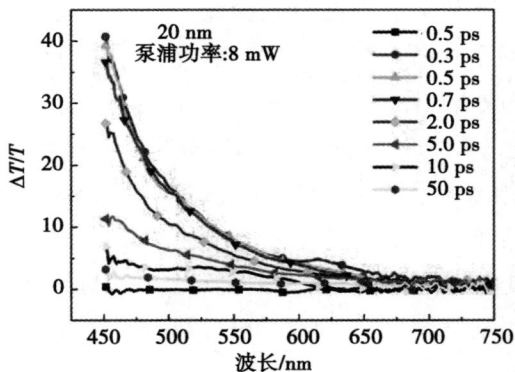

（c）20 nm

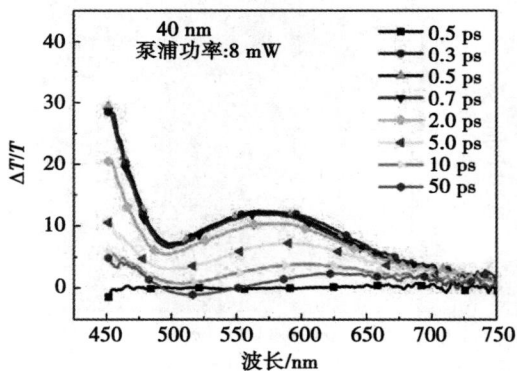

（d）40 nm

图 6-5　不同尺寸的 Ag 纳米粒子的白光泵浦探测二维光谱和不同延迟时间的

Ag 纳米粒子的瞬态吸收光谱

6.3.2　载流子超快动力学过程

为了获得载流子弛豫寿命，从瞬态吸收谱中提取探测波长为 450 nm 和 475 nm 两个瞬态吸收结果，并将第 6.2 节 10 nm 的实验数据合并比较，如图 6-6 中空心方块所示。

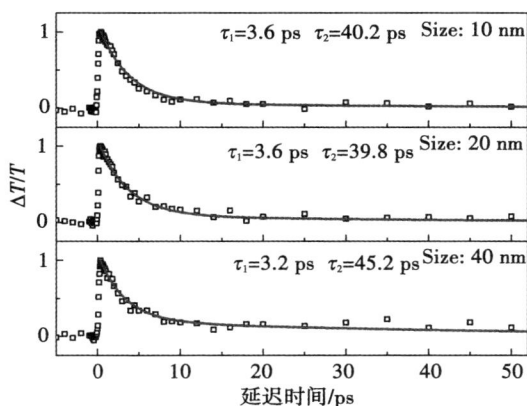

（a）探测波长为 450 nm

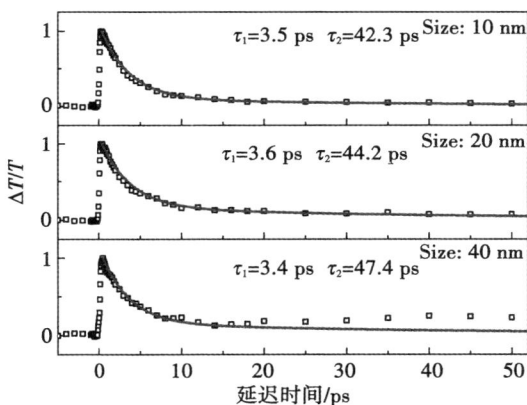

（b）探测波长为 475 nm

图 6-6　在波长为 450 nm 和 475 nm 处提取的瞬态吸收谱表实验数据

　　从图 6-6 的实验结果中可以发现，不同尺寸的 Ag 纳米粒子的超快动力学非常相似。这在以前已有相近的报道[55, 70]。具体来说，泵浦光激发样品后，首先是样品的瞬态差分透过率快速上升，内在机理可以解释为由于电子之间的能量分配导致差分透射率增加，进而导致基态等离子体快速漂白，相关现象在开孔 Z-scan 实验中观察为饱和吸收。此后，瞬态差分透射率开始恢复，该恢复过程包括电子–声子耦合的快速衰减过程以及声子–声子耦合的缓慢衰减过程，前者是电子将能量通过耦合传递到声子模式的过程，后者是声子和周围介质之间热传导过程。由于分辨率的原因电子之间的弛豫时间目前实验条件下无法获得，电子–声子以及声子–声子的耦合过程弛豫时间可以用双 e 指数模型对实验数据进行处理后得到。

利用式(6–1)对实验数据进行拟合得到不同尺寸样品不同探测波长下的弛豫寿命，拟合结果如图 6–6 中实线所示，拟合数值整理列于表 6–3 中。

在 10 nm 的情况下，理论计算获得的衰减时间常数与 Roberti 等[70]的 2 ps 和 40 ps 衰减常数在同一数量级。Roberti 等人得到了超快动态过程与尺寸无关的结论。尺寸对超快动力学过程的影响可以从以下两个方面来解释。首先，随着粒子尺寸的增加，粒子中声子的态密度增加，导致更快的电子和声子弛豫。另一方面，尺寸的增加也将导致耦合到电子的声子能级和分布发生变化，从而导致更慢的弛豫，以上两个因素之间存在竞争是导致不同尺寸的 Ag 纳米粒子弛豫寿命差异不大的原因。从表 6–3 容易发现不同尺寸的 Ag 纳米粒子弛豫时间相近，这也恰好印证了 Roberti 等人的研究结论。

表 6–3　Ag 纳米粒子超快动力学过程弛豫时间理论拟合数值

样品尺寸/nm	探测波长/nm	τ_1/ps	τ_2/ps
10	450	3.6	40.2
20	450	3.6	39.8
40	450	3.2	45.2
10	475	3.5	42.3
20	475	3.6	44.2
40	475	3.4	47.4

◆◇ 6.4　800 nm 探测波长下 Ag 纳米粒子超快动力学过程

前面利用飞秒泵浦白光探测技术研究了 Ag 纳米粒子的超快动力学过程以及尺寸效应。使用的探测光为超连续白光，波长范围为 450 ~750 nm。然而，受探测白光波长的限制，对于常见的 800 nm 处的超快动力学过程未做研究。为了弥补这一不足而使研究更全面系统，本节使用 400 nm 单波长泵浦 800 nm 单波长探测技术研究了 Ag 纳米粒子的超快动力学过程。

6.4.1　单波长探测实验条件

实验装置与 2.3 节介绍的类似，区别在于本节实验没有用到白光产生光路。800 nm 激光通过倍频产生 400 nm 脉冲激光作为泵浦脉冲，800 nm 激光直接作为探测脉冲。两个焦距分别为 40 cm 和 20 cm 的透镜分别用于聚焦泵浦光束和探测光束。泵浦光束和探测光束的时间延迟是由棱镜实现的，该棱镜被安装在由计算机控制的自动移动载物台上。为了确定载流子弛豫过程和弛豫寿命与激光能量的关系，实验中使用格兰–泰勒偏振器和半波片调整脉冲能量。

6.4.2　探测波长 800 nm 下载流子动力学过程

调节泵浦脉冲能量分别为 30，50，80 和 100 nJ 进行实验，得到的瞬时差分透射率 $\Delta T/T$ 如图 6-7 所示。从图中可以发现到，在超快激光激发之后，瞬时差分透射率 $\Delta T/T$ 有一个快速上升过程和两个衰减过程[160]，一个衰落过程持续很短称为快过程，另一个持续时间较长称为慢过程。一般来说，瞬时差分透射率 $\Delta T/T$ 的快速上升源自系统的基态等离子体，能量通过表面等离子体共振从泵浦光传递给电子。快速衰减通常被归因于电子–声子（e-ph）耦合，它导致能量离开激发的电子而进入声子。慢衰减是声子–声子（ph-ph）耦合过程，在此过程中能量转移到介质中[113, 160]。最终达到新的平衡。从图 6-7 中还可以发现，随着泵浦能量从 30 nJ 增加到 100 nJ，瞬时差分透射率 $\Delta T/T$ 也增加了。

通过绘制瞬时差分透射率 $\Delta T/T$ 与泵浦脉冲能量峰值的关系曲线（图 6-8）可以发现随着泵浦能量的变化瞬时差分透射率 $\Delta T/T$ 几乎呈线性变化。这是因为泵浦能量越大，基态粒子吸收能量跃迁至激发态的概率越大，基态漂白程度也就越大，所以瞬态差分透射率 $\Delta T/T$ 峰值增加。

对各能量下的泵浦–探测实验结果进行了归一化处理，得到归一化的瞬时差分透射率曲线如图 6-9 所示。可以发现，不同能量下归一化曲线高度重合，说明泵浦能量对载流子动力学过程几乎没有影响，原因是泵浦光的能量

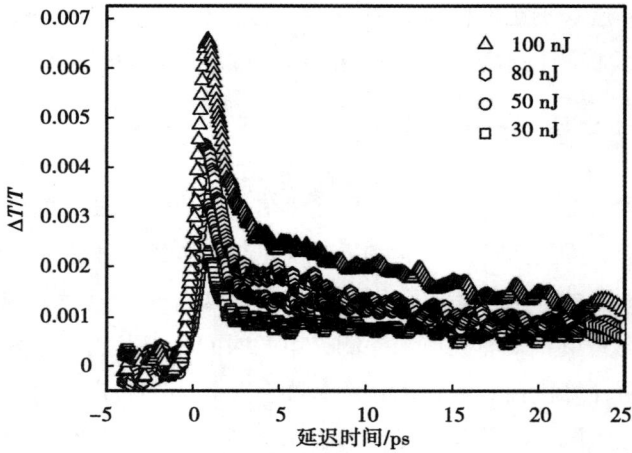

图 6-7　在不同泵浦能量下确定的瞬时差分透射率 $\Delta T/T$

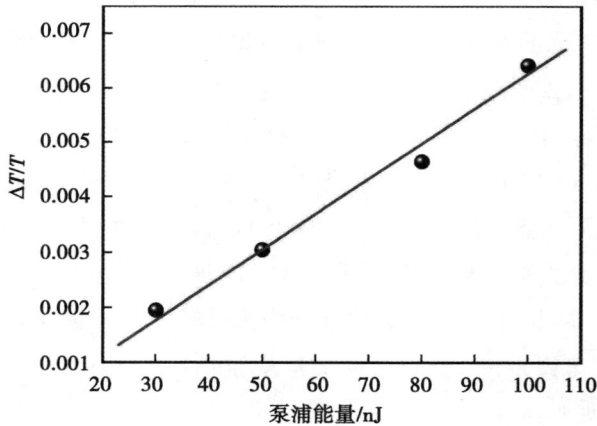

图 6-8　瞬时差分透射率 $\Delta T/T$ 与泵浦脉冲能量峰值关系曲线

在纳焦量级，导致实验测量的结果波动很小。

　　利用式(6-1)对实验数据进行理论拟合，拟合曲线如图 6-9 中实线所示，获得了快衰减弛豫时间 $\tau_1 = 713$ fs 和慢衰减弛豫时间 $\tau_2 = 25.2$ ps。

　　如前所述，在光的激发下，载流子会发生一系列能量弛豫过程[161]。第

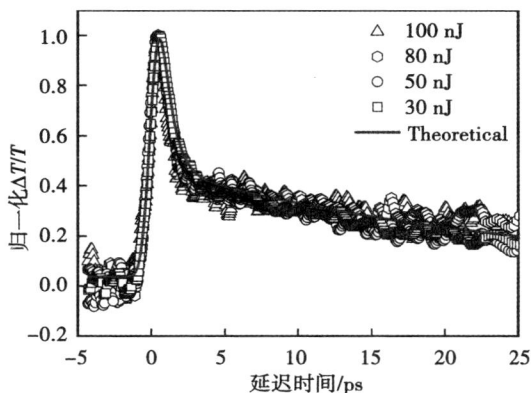

图 6-9　不同泵浦能量下的归一化瞬态差分透射率

一个过程是光子和电子之间相互作用，电子吸收光子的能量并成为热电子。第二个过程是，电子之间发生能量交换。第三个过程是热电子在脉冲光作用下的温升引起的晶格振动，这被认为是电子与声子之间的相互作用。最后一个过程是声子和声子的相互作用，晶格振动将能量传递给周围的溶剂。由于光子-电子和电子-电子弛豫非常快，使用 130 fs 激光无法获得。因此确认 τ_1 =713 fs 是电子-声子的弛豫时间，τ_2=25.2 ps 是声子-声子弛豫时间。相对而言，快速分量更有助于差分传输信号的恢复。713 fs 的快弛豫时间常数与 Fatti 等人报道的玻璃基质中 3 nm 的 Ag 团簇的 700 fs 数值相近[161]。Arbouet 等人得到了不同介质中相同尺寸 Ag 团簇快衰减寿命约为 530 fs[162]。应该注意的是，尽管实验样品的尺寸和玻璃基质中的 3 nm "Ag 团簇" 尺寸不同，但获得了近似的电子-声子弛豫时间。Maurya 等人研究了 Ag 纳米颗粒超快动力学的尺寸相关性，发现尺寸为 25~37 nm 的纳米颗粒的电子-声子弛豫时间为 1.5~2.3 ps[55]。Maurya 等人研究的样品尺寸与本论文的近似，但电子-声子弛豫时间不同，这是因为激光烧蚀法和化学还原法制备的纳米颗粒晶体结构不同导致的。

◆◇ 6.5　本章小结

　　本章首先利用白光泵浦-探测技术在不同的泵浦能量下研究了 Ag 纳米粒子载流子的超快动力学过程。研究结果表明，Ag 纳米粒子在泵浦光激发后载流子的弛豫过程包括一个快速上升过程和两个独立衰减过程，分别对应于电子-电子、电子-声子以及声子-声子的能量耦合；探测波长对快衰减过程影响不大而慢衰减过程随着探测波长的增加逐渐增加；两个衰减过程均随泵浦功率的增加而增大；Ag 纳米粒子的尺寸对其超快动力学过程影响不大。补充了白光波段外常见的 800 nm 的探测波长实验，分析弛豫过程并计算获得了弛豫寿命。

结　论

本书利用 Z-scan 技术研究了 Ag 纳米粒子的非线性吸收和非线性折射的转化，利用泵浦–探测技术研究了 Ag 纳米粒子载流子动力学过程，主要结论如下。

（1）Ag 纳米粒子非线性吸收与激发光能量和波长有关。激发波长越靠近表面等离子体共振区，饱和吸收越显著且饱和光强减小。增加能量会导致非线性吸收由饱和吸收向反饱和吸收转化。在 532 nm 激光作用下，Ag 纳米粒子能够出现饱和吸收—反饱和吸收—饱和吸收的转化，第二次饱和吸收被认为是双光子吸收饱和所致。

（2）在 532 nm 激光作用下，随着能量的增加，Ag 纳米粒子的非线性折射会发生自聚焦—自散焦的转化。理论分析表明，高能量下发生的自散焦是由负五阶非线性折射导致的。计算得到了三阶和五阶非线性折射率系数，发现随着能量的增加，正三阶折射率逐渐减小而负五阶折射率逐渐增加，三阶和五阶的竞争是非线性折射发生转化的根本原因。

（3）在 532 nm 激光激发下，Ag 纳米粒子的非线性吸收和非线性折射均具有尺寸效应。在不同能量激发下，对于 10 nm 的 Ag 纳米粒子，非线性吸收始终保持饱和吸收和不明显的非线性折射，而 20 nm 和 40 nm 的 Ag 纳米粒子始终为饱和吸收反饱和吸收的共存和自聚焦或自散焦。理论计算得出了不同尺寸的 Ag 纳米粒子的饱和光强、双光子吸收系数以及非线性折射率系数。饱和吸收和反饱和吸收分别是基态等离子体漂白的和激发态吸收的结果，自聚焦和自散焦分别源于热电子和热累积效应。

（4）Ag 纳米粒子在泵浦光激发后载流子的弛豫过程包括一个快速上升过程和两个独立衰减过程，分别对应电子–电子、电子–声子以及声子–声子的能量耦合。快衰减和慢衰减的弛豫寿命分别在 3.2~4.3 ps 和 39.8~57.9 ps 范围内。快衰减寿命几乎不受探测波长的影响，而慢衰减寿命随着探测波长的增加逐渐增加。两个衰减过程的弛豫寿命均随泵浦功率的增加而略有增大。超快动力学过程与 Ag 纳米粒子的尺寸无关，物理机制在于声子态密度和粒子布居数分布两个因素之间的竞争。800nm 探测波长下泵浦能量在纳焦量级时，不同泵浦能量下弛豫寿命相差不大。

本书主要创新点如下。

（1）研究了 Ag 纳米粒子能量相关的非线性吸收的二次转化行为，建立理论分析模型计算了非线性吸收系数等光学参数，从双光子吸收饱和角度解释了非线性吸收二次转化的物理机理。

（2）研究了 Ag 纳米粒子能量相关的非线性折射的转化，理论推导了高阶非线性折射下高斯光束轴上相移表达式以及闭孔 Z-scan 测量归一化透射率表达式。理论分析基础上解释了自聚焦和自散焦的共存和转化源于符号相反的三阶和五阶非线性折射的竞争。

（3）系统地研究了 Ag 纳米粒子非线性吸收、非线性折射以及超快动力学的尺寸效应。解释了非线性吸收尺寸效应的物理机制，阐释了非线性折射尺寸效应的根本原因，阐明了不同尺寸的 Ag 纳米粒子超快动力学过程弛豫寿命基本一致的内在机理。

未来研究展望如下。

（1）本书的研究对象是球形 Ag 纳米粒子，其形貌比较简单，对表面等离子体共振峰的调控也仅依赖于纳米粒子的尺寸。在进一步的研究中，计划制备不同形貌的 Ag 纳米粒子，并对非线性光学性质及其超快动力学进行系统研究。

（2）本书研究的是尺寸为 10～40 nm 的 Ag 纳米粒子。下一步的研究将制备尺寸小于 1 nm 的 Ag 纳米团簇，并系统研究 Ag 纳米团簇的非线性光学性质，并通过超快动力学过程的研究阐明激光作用下载流子的动力学过程。

（3）本书研究针对材料结构单一的 Ag 纳米粒子，今后将开展复合 Ag 纳米粒子材料的非线性光学性质以及超快动力学过程的研究。

参考文献

[1] BORJA S, PAULA C A, LAURA M L, et al. LSPR-based nanobiosensors [J]. Nano today, 2009, 4(3): 244-251.

[2] ORENDORFF C J, SAU T K, MURPHY C J. Shape-dependent plasmon-resonant gold nanoparticles[J]. Small Weiheim an der Bergstrasse, Germany, 2006, 2(5): 636-639.

[3] SHARMA V, VERMA D, OKRAM G S. Influence of surfactant, particle size and dispersion medium on surface plasmon resonance of silver nanoparticles[J]. Journal of physics: condensed matter, 2020, 32(14): 145302-145316.

[4] YESHCHENKO O A, DMITRUK I M, ALEXEENKO A A, et al. Size and temperature effects on the surface plasmon resonance in silver nanoparticles [J]. Plasmonics, 2012, 7(4): 685-694.

[5] VASILEVA P, DONKOVA B, KARADJOVA I, et al. Synthesis of starch-stabilized silver nanoparticles and their application as a surface plasmon resonance-based sensor of hydrogen peroxide[J]. Colloids and surfaces A: physicochemical and engineering aspects, 2011, 382(1/2/3): 203-210.

[6] HUANG Z L, LEI X, LIU Y, et al. Tapered optical fiber probe assembled with plasmonic nanostructures for surface-enhanced Raman scattering application[J]. ACS applied materials & interfaces, 2015, 7(31): 17247-17254.

[7] 李淳飞. 非线性光学原理和应用[M]. 上海: 上海交通大学出版社, 2015.

[8] 柏松昂. 表面等离激元金属纳米结构增强光学非线性[D]. 杭州: 浙江大学, 2017.

[9]　MASTERS B R, BOYD R W. Nonlinear optics[M]. third edition. Salt Lake City Utnh USA: Academic Press, 2009.

[10]　ABBAS A, LINMAN M J, CHENG Q. New trends in instrumental design for surface plasmon resonance-based biosensors[J]. Biosensors and bioelectronics, 2011, 26(5): 1815-1824.

[11]　ZHANG J, LIU K, CAO W. Property, preparation and application of nanoparticle[J]. Journal of Petrochemical Universities, 2001, 14(2): 21-26.

[12]　CHEN H J, KOU X S, YANG Z, et al. Shape- and size-dependent refractive index sensitivity of gold nanoparticles[J]. Langmuir, 2008, 24(10): 5233-5237.

[13]　FANG C H, JIA H L, SHUAI C, et al.(Gold core)/(titania shell)nanostructures for plasmon-enhanced photon harvesting and generation of reactive oxygen species[J]. Energy & environmental science, 2014, 7(10): 3431-3438.

[14]　WANG F, LI C H, SUN L D, et al. Porous single-crystalline palladium nanoparticles with high catalytic activities[J]. Angewandte chemie, 2012, 124(20): 4956-4960.

[15]　CHEN H J, WANG F, LI K, et al. Plasmonic percolation: plasmon-manifested dielectric-to-metal transition[J]. ACS Nano, 2012, 6(8): 7162-7171.

[16]　MUNIZ-MIRANDA M, PAGLIAI M, CARDINI G, et al. Role of surface metal clusters in SERS spectra of ligands adsorbed on Ag colloidal nanoparticles[J]. Journal of physical chemistry C, 2008, 112(3): 762-767.

[17]　ZHANG Y W, LIU S, WANG L, et al. One-pot green synthesis of Ag nanoparticles-graphene nanocomposites and their applications in SERS, H_2O_2, and glucose sensing[J]. RSC Advances, 2012, 2(2): 538-545.

[18]　XU S, BING Z, XU W, et al. Preparation of Au-Ag coreshell nanoparticles and application of bimetallic sandwich in surface-enhanced raman scattering(SERS)[J]. Colloids and surfaces A: physicochemical and engineering aspects, 2005, 257(58): 313-317.

[19]　SU Y Y, YAO H, ZHAO S. Ag-HPBs by a coating-etching strategy and

their derived injectable implants for enhanced tumor photothermal treatment[J]. Journal of Colloid and Interface Science, 2018, 512: 439-445.

[20] PEI Z J, SUN Q, SUN X, et al. Preparation and characterization of silver nanoparticles on silk fibroin/carboxymethylchitosan composite sponge as anti-bacterial wound dressing[J]. Bio-medical materials and engineering, 2015, 26(S1): 111-118.

[21] GUO M C, YI X S, LIU G, et al. Simultaneously increasing the electrical conductivity and fracture toughness of carbon-fiber composites by using silver nanowires-loaded interleaves[J]. Composites science and technology, 2014, 97(16): 27-33.

[22] KAMYAR P, RAEISI F H, LAI F Y. Self-constructed tree-shape high thermal conductivity nanosilver networks in epoxy[J]. Nanoscale, 2014, 6 (8): 4292-4296.

[23] 张振明, 李康, 孔凡敏, 等. 采用银纳米圆盘阵列提高 LED 发光特性的研究[J]. 光学学报, 2012, 32(4): 244-250.

[24] MERGA G, WILSON R, LYNN G, et al. Redox catalysis on "naked" silver nanoparticles[J]. Journal of physical chemistry C, 2008, 111(33): 12220-12226.

[25] LEE K S, EL-SAYED M A. Gold and silver nanoparticles in sensing and imaging: sensitivity of plasmon response to size, shape, and metal composition[J]. Journal of physical chemistry B, 2006, 110(39): 19220-19225.

[26] KELLY K L, CORONADO E, ZHAO L L, et al. The optical properties of metal nanoparticles: the influence of size, shape, and dielectric environment[J]. Cheminform, 2003, 34(16): 668-677.

[27] LEE G J, SHIN S I, KIM Y C, et al. Preparation of silver nanorods through the control of temperature and pH of reaction medium[J]. Materials chemistry and physics, 2004, 84(2/3): 197-204.

[28] TSUJI M, MATSUMOTO K, MIYAMAE N, et al. Rapid preparation of silver nanorods and nanowires by a microwave-polyol method in the presence of Pt catalyst and polyvinylpyrrolidone [J]. Crystal growth & design,

2006, 7(2): 311-320.

[29] ZHONG Y Z, LIANG G R, JIN W X, et al. Preparation of triangular silver nanoplates by silver seeds capped with citrate-CTA + [J]. RSC Advances, 2018, 8(51): 28934-28943.

[30] SANDERS A W, ROUTENBERG D A, WILEY B J, et al. Observation of plasmon propagation, redirection, and fan-out in silver nanowires [J]. Nano letters, 2006, 6(8): 1822-1826.

[31] LI N, ZHANG Q, QUINLIVAN S, et al. H_2O_2-aided seed-mediated synthesis of silver nanoplates with improved yield and efficiency [J]. Chemphyschem, 2012, 13(10): 2526-2530.

[32] MAILLARD M, HUANG P, BRUS L. Silver nanodisk growth by surface plasmon enhanced photoreduction of adsorbed [Ag+] [J]. Nano letters, 2003, 3(11): 1611-1615.

[33] IM S H, LEE Y T, WILEY B, et al. Large-scale synthesis of silver nanocubes: the role of HCl in promoting cube perfection and monodispersity [J]. Angewandte chemie, 2005, 44(14): 2154-2157.

[34] BRONCHY M, ROACH L, MENDIZABAL L, et al. Improved low temperature sinter bonding using silver nanocube superlattices [J]. Journal of physical chemistry C, 2021, 126(3): 1644-1650.

[35] CHEN Z F, BALANKURA T, FICHTHORN K A, et al. Revisiting the polyol synthesis of silver nanostructures: role of chloride in nanocube formation [J]. ACS Nano, 2019, 13(2): 1849-1860.

[36] WILEY B, HERRICKS T, SUN Y G, et al. Polyol synthesis of silver nanoparticles: use of chloride and oxygen to promote the formation of single-crystal, truncated cubes and tetrahedrons [J]. Nano letters, 2004, 4(9): 1733-1739.

[37] JOSEPH D, BASKARAN R, YANG S G, et al. Multifunctional spiky branched gold-silver nanostars with near-infrared and short-wavelength infrared localized surface plasmon resonances [J]. Journal of colloid and interface science, 2019, 542: 308-316.

[38] ZHENG C, LI W, CHEN W Z, et al. Nonlinear optical behavior of silver

nanopentagons[J]. Materials letters, 2014, 116(1): 1-4.

[39] TSAI D S, CHEN C H, CHOU C C. Preparation and characterization of gold-coated silver triangular platelets in nanometer scale[J]. Materials chemistry and physics, 2005, 90(2/3): 361-366.

[40] TSUJI T, IRYO K, WATANABE N, et al. Preparation of silver nanoparticles by laser ablation in solution: influence of laser wavelength on particle size[J]. Applied surface science, 2002, 202(1): 80-85.

[41] TSUJI T, THANG D H, OKAZAKI Y, et al. Preparation of silver nanoparticles by laser ablation in polyvinylpyrrolidone solutions[J]. Applied surface science, 2009, 254(16): 5224-5230.

[42] SHARMA S, THAKUR M, DEB M K. Preparation of silver nanoparticles by microwave irradiation[J]. Current nanoscience, 2008, 4(2): 138-140.

[43] ZHANG S M, ZHANG C L, ZHANG J W, et al. Preparation of silver nanoparticles in room temperature ionic liquids[J]. Acta Physico-chimica sinica, 2004, 20(5): 554-556.

[44] WANG H, QIAO X, CHEN J, et al. Mechanisms of PVP in the preparation of silver nanoparticles[J]. Materials chemistry and physics, 2005, 94(2/3): 449-453.

[45] YAO S W, CAO Y R, ZHANG W G. Preparation of silver nanoparticles of different shapes via photoreduction method[J]. Chinese journal of applied chemistry, 2007, 23(4): 438-440.

[46] PILENI M P, LISIECKI I, MOTTE L, et al. Nanometer particles synthesis in reverse micelles: influence of the size and the surface on the reactivity [J]. Research on chemical intermediates, 1992, 17(2): 101-113.

[47] ALLU R, BANERJEE D, AVASARALA R, et al. Broadband femtosecond nonlinear optical properties of silver nanowire films[J]. Optical materials, 2019, 96: 109305-109311.

[48] AJAMI A, HUSINSKY W, SVECOVA B, et al. Saturable absorption of silver nanoparticles in glass for femtosecond laser pulses at 400 nm[J]. Journal of non-crystalline solids, 2015, 426: 159-163.

［49］ GHOSH S K, NATH S, KUNDU S, et al. Solvent and ligand effects on the localized surface plasmon resonance(LSPR)of gold colloids［J］. Journal of physical chemistry B, 2004, 108(37): 13963-13971.

［50］ YESHCHENKO O A. Temperature effects on the surface plasmon resonance in copper nanoparticles［J］. Ukrainian journal of physics, 2013, 58 (3): 249-259.

［51］ YANG Y, MATSUBARA S, XIONG L, et al. Solvothermal synthesis of multiple shapes of silver nanoparticles and their SERS properties［J］. Journal of physical chemistry C, 2008, 111(26): 9095-9104.

［52］ ZVYAGIN A I, PEREPELITSA A S, LAVLINSKAYA M S, et al. Demonstration of variation of the nonlinear optical absorption of non-spherical silver nanoparticles［J］. Optik: international journal for light and electron optics, 2018, 175: 93-98.

［53］ FERRARI P, UPADHYAY S, SHESTAKOV M V, et al. Wavelength-dependent nonlinear optical properties of Ag nanoparticles dispersed in a glass host［J］. The journal of physical chemistry C, 2017, 121(49): 27580-27589.

［54］ FAN G H, QU S L, GUO Z Y, et al. Size-dependent nonlinear absorption and refraction of Ag nanoparticles excited by femtosecond lasers［J］. Chinese physics B, 2012, 21(4): 564-572.

［55］ MAURYA S K, ROUT A, GANEEV R A, et al. Effect of size on the saturable absorption and reverse saturable absorption in silver nanoparticle and ultrafast dynamics at 400 nm［J］. Journal of nanomaterials, 2019, 1(1): 1-12.

［56］ GAO Y C, WU W Z, KONG D G, et al. Femtosecond nonlinear absorption of Ag nanoparticles at surface plasmon resonance［J］. Physica E: low-dimensional systems and nanostructures, 2012, 45: 162-165.

［57］ ZHENG C, DUs Y H, FENG M, et al. Shape dependence of nonlinear optical behaviors of nanostructured silver and their silica gel glass composites ［J］. Applied physics letters, 2008, 93(14): 143108-143110.

［58］ ELIM H I, YANG J, LEE J Y, et al. Observation of saturable and reverse-saturable absorption at longitudinal surface plasmon resonance in gold nanorods[J]. Applied physics letters, 2006, 88(8): 083107-083109.

[59] UNNIKRISHNAN K P, NAMPOORI V, RAMAKRISHNAN V, et al. Nonlinear optical absorption in silver nanosol[J]. Journal of physics D: applied physics, 2003, 36(11): 1242-1245.

[60] ANIJA M, THOMAS J, SINGH N, et al. Nonlinear light transmission through oxide-protected Au and Ag nanoparticles: an investigation in the nanosecond domain[J]. Chemical physics letters, 2003, 380(1/2): 223-229.

[61] YANG X C, LI Z H, LI W J, et al. Optical nonlinearity and ultrafast dynamics of ion exchanged silver nanoparticles embedded in soda-lime silicate glass[J]. Chinese science bulletin, 2008, 53(5): 695-699.

[62] HARI M, MATHEW S, NITHYAJA B, et al. Saturable and reverse saturable absorption in aqueous silver nanoparticles at off-resonant wavelength [J]. Optical and quantum electronics, 2012, 43(1/2/3/4/5): 49-58.

[63] GANEEV R A, RYASNYANSKY A I. Nonlinear optical characteristics of nanoparticles in suspensions and solid matrices[J]. Applied physics B, 2007, 84(1/2): 295-302.

[64] SEO J T, YANG Q KIM W J, JINHWA HEO, et al. Optical nonlinearities of Au nanoparticles and Au/Ag coreshells[J]. Optics letters, 2009, 34 (3): 307-309.

[65] YU Y, YANG L H, YUE M M, et al. Femtosecond laser-assisted synthesis of silver nanoparticles and reduced graphene oxide hybrid for optical limiting[J]. Royal society open science, 2018, 5(7): 171436-171443.

[66] REYNA A S, RUSSIER-ANTOINE I, BERTORELLE F, et al. Nonlinear refraction and absorption of Ag-29 nanoclusters: evidence for two-photon absorption saturation [J]. Journal of physical chemistry C, 2018, 122 (32): 18682-18689.

[67] ZHANG K, GANEEV R A, RAO K S, et al. Interaction of pulses of different duration with chemically prepared silver nanoparticles: analysis of optical nonlinearities[J]. Journal of nanomaterials, 2019(1): 1-12.

［68］ GANEEV R A, BABA M, MORITA M, et al. Fifth-order optical nonlin-earity of pseudoisocyanine solution at 529 nm［J］. Journal of optics A: pure and applied optics, 2005, 6(2): 282-287.

［69］ OLIVEIRA N T, REYNA A S, FALCAO E H, et al. Light scattering, ab-sorption and refraction due to high-order optical nonlinearities in colloidal gold nanorods［J］. Journal of physical chemistry C, 2019, 123(20): 12997-13008.

［70］ ROBERTI T W, SMITH B A, ZHANG J Z. Ultrafast electron dynamics at the liquid-metal interface: femtosecond studies using surface plasmons in aqueous silver colloid［J］. Journal of chemical physics, 1995, 102(9): 3860-3866.

［71］ HALTÉ V, BIGOT J Y, PALPANT B, et al. Size dependence of the ener-gy relaxation in silver nanoparticles embedded in dielectric matrices［J］. Applied physics letters, 1999, 75(24): 3799-3801.

［72］ HARATA A, TAURA J, OGAWA T. Heat conduction in nano-environ-ment observed in cooling processes of colloidal silver nanoparticles in water ［J］. Japanese journal of applied physics, 2000, 39(5B): 2909-2912.

［73］ VOISIN C, CHRISTOFILOS D, LOUKAKOS P A, et al. Ultrafast elec-tron-electron scattering and energy exchanges in noble-metal nanoparticles ［J］. Physical review B, 2004, 69(19): 195416.

［74］ YOU G J, ZHOU P, ZHANG C F, et al. Ultrafast studies on the energy relaxation dynamics and the concentration dependence in $Ag:Bi_2O_3$ nano-composite films［J］. Chemical physics letters, 2005, 413(1/2/3): 162-167.

［75］ LYSENKO S, JIMENEZ J, ZHANG G, et al. Nonlinear optical dynamics of glass-embedded silver nanoparticles［J］. Journal of electronic materials, 2007, 35(9): 1715-1721.

［76］ YANG X C, DONG Z W, LIU H X, et al. Effects of thermal treatment on the third-order optical nonlinearity and ultrafast dynamics of Ag nanoparti-cles embedded in silicate glasses［J］. Chemical physics letters, 2009, 475 (4): 256-259.

[77] SHEIK-BAHAE M, SAID A A, WEI T H, et al. Sensitive measurement of optical nonlinearities using a single beam[J]. IEEE Journal of quantum electronics, 1990, 26(4): 760-769.

[78] STALEVA H, HARTLAND G V. Vibrational dynamics of silver nanocubes and nanowires studied by single-particle transient absorption spectroscopy [J]. Advanced functional materials, 2009, 18(23): 3809-3817.

[79] 邵雅斌. 几种二维材料的光学非线性吸收及载流子动力学研究[D]. 哈尔滨：黑龙江大学, 2021.

[80] 柴志军. CdSeTe 纳米粒子的超快光学特性研究[D]. 哈尔滨：黑龙江大学, 2017.

[81] SUN J, REN Q, WANG X Q, et al. Study on nonlinear optical absorption properties of [(CH$_3$)$_4$N]$_2$[Cu(dmit)$_2$] by Z-scan technique[J]. Optics & laser technology, 2009, 41(2): 209-212.

[82] WANG X J, YATES L M, KNOBBE E T. Study of nonlinear absorption in metalloporphyrin-doped sol-gel materials[J]. Journal of luminescence, 1994, 60-61: 469-473.

[83] ZHAN C L, XU W, ZHANG D Q, et al. Z-scan investigation of fifth-order optical nonlinearity induced by saturable-absorption from (TBA)$_2$Ni (dmit)$_2$: application for optical limiting[J]. Journal of materials chemistry, 2002, 12(10): 2945-2948.

[84] SET S Y, YAGUCHI H, TANAKA Y, et al. Laser mode locking using a saturable absorber incorporating carbon nanotubes[J]. Journal of lightwave technology, 2004, 22(1): 51-56.

[85] ZHOU Y, HU Z P, LI Y, et al. CsPbBr3 nanocrystal saturable absorber for mode-locking ytterbium fiber laser[J]. Applied physics letters, 2016, 108(26): 831.

[86] EHRLICH J E, WU X L, LEE I Y, et al. Two-photon absorption and broadband optical limiting with bis-donor stilbenes[J]. Optics letters, 1997, 22(24): 1843-1845.

[87] XIA T, HAGAN D J, DOGARIU A, et al. Optimization of optical limiting devices based on excited-state absorption[J]. Applied optics, 1997, 36

（18）：4110-4122.

［88］ POLAVARAPU L, XU Q H. A single-step synthesis of gold nanochains u-sing an amino acid as a capping agent and characterization of their optical properties［J］. Nanotechnology, 2008, 19(7)：075601-075606.

［89］ KARTHIKEYAN B, ANIJA M, PHILIP R. In situ synthesis and nonlinear optical properties of Au：Ag nanocomposite polymer films［J］. Applied physics letters, 2006, 88(5)：053104-053106.

［90］ WU D J, LIU X J, LIU L L, et al. Third-order nonlinear optical properties of gold nanoshells in aqueous solution［J］. Applied physics A, 2008, 92 (2)：279-282.

［91］ SEO J T, YANG Q, KIM W J, et al. Optical nonlinearities of Au nanopar-ticles and Au/Ag coreshells［J］. Optics letters, 2009, 34(3)：307-309.

［92］ LEE Y H, YAN Y L, POLAVARAPU L, et al. Nonlinear optical switc-hing behavior of Au nanocubes and nano-octahedra investigated by femto-second Z-scan measurements［J］. Applied physics letters, 2009, 95(2)：023105-023107.

［93］ PHILIP R, KUMAR G R, SANDHYARANI N, et al. Picosecond optical nonlinearity in monolayer-protected gold, silver, and gold-silver alloy nanoclusters［J］. Physical review B, 2000, 62(19)：13160-13166.

［94］ GURUDAS U, BROOKS E, BUBB D M, et al. Saturable and reverse satu-rable absorption in silver nanodots at 532 nm using picosecond laser pulses ［J］. Journal of applied physics, 2009, 104(7)：073107-073114.

［95］ ZHENG C, YE X Y, CAI S G, et al. Observation of nonlinear saturable and reverse-saturable absorption in silver nanowires and their silica gel glass composite［J］. Applied physics B, 2010, 101(4)：835-840.

［96］ RANGEL-ROJO R, MCCARTHY J, BOOKEY H T, et al. Anisotropy in the nonlinear absorption of elongated silver nanoparticles in silica, probed by femtosecond pulses［J］. Optics communications, 2009, 282(9)：1909-1912.

［97］ WANG J, JIANG J J, SHAO Y B, et al. Nonlinear optical properties of Au@ Ag coreshell nanospheres excited by femtosecond laser［J］. AIP Advances, 2021, 11(11): 1-5.

[98] GODWIN R P, MUELLER M M. Reflection spectroscopy by plasma-resonance enhancement[J]. Applied optics, 1973, 12(6): 1276-1278.

[99] DMITRUK I, BLONSKIY I, PAVLOV I, et al. Surface plasmon as a probe of local field enhancement[J]. Plasmonics, 2010, 4(2): 115-119.

[100] GAO Y C, ZHANG X R, LI Y L, et al. Saturable absorption and reverse saturable absorption in platinum nanoparticles[J]. Optics communications, 2006, 251(4/5/6): 429-433.

[101] FURUSAWA K, TAKAHASHI K, KUMAGAI H, et al. Ablation characteristics of Au, Ag, and Cu metals using a femtosecond Ti: sapphire laser [J]. Applied physics A, 1999, 69(S1): 359-366.

[102] KUMAR P, MATHPAL M C, HAMAD S, et al. Cu nanoclusters in ion exchanged soda-lime glass: study of SPR and nonlinear optical behavior for photonics[J]. Applied materials today, 2019, 15: 323-334.

[103] LI Z X, YU Y, CHEN Z Y, et al. Ultrafast third-order optical nonlinearity in au triangular nanoprism with strong dipole and quadrupole plasmon resonance[J]. The journal of physical chemistry C, 2013, 117(39): 20127-20132.

[104] HAMANAKA Y, FUKUTA K, NAKAMURA A, et al. Ultrafast nonlinear optical response in silica-capped gold nanoparticle films[J]. Journal of luminescence, 2004, 108(1): 365-369.

[105] OLIVIER M, STEFANIE D, GUNNAR R, et al. Size and shape effects on the nonlinear optical behavior of silver nanoparticles for power limiters [J]. Applied optics, 2013, 52(2): 139-149.

[106] KREIBIG U. Electronic properties of small silver particles: the optical constants and their temperature dependence[J]. Journal of physics F: metal physics, 1974, 4(7): 999-1014.

[107] YANG L, OSBORNE D H, HAGLUND R F, et al. Probing interface properties of nanocomposites by third-order nonlinear optics[J]. Applied physics A, 1996, 62(5): 403-415.

[108] GU B, FAN Y X, WANG J, et al. Characterization of saturable absorbers

using an open-aperture gaussian-beam Z-scan[J]. Physical review A, 2006, 73(6): 065803-065806.

[109] PHILIP R, CHANTHARASUPAWONG P, QIAN H F, et al. Evolution of nonlinear optical properties: from gold atomic clusters to plasmonic nanocrystals[J]. Nano letters, 2012, 12(9): 4661-4667.

[110] DONG N N, LI Y X, ZHANG S F, et al. Saturation of two-photon absorption in layered transition metal dichalcogenides: experiment and theory[J]. ACS Photonics, 2018, 5(4): 1558-1565.

[111] ZHENG X, ZHANG Y W, CHEN R Z, et al. Z-scan measurement of the nonlinear refractive index of monolayer WS_2[J]. Optics express, 2015, 23(12): 15616-15623.

[112] SHEIK-BAHAE M, SAID A A, WEI T H, et al. Sensitive measurement of optical nonlinearities using a single beam[J]. IEEE Journal of quantum electronics, 1990, 26(4): 760-769.

[113] CHEN C Y, WANG J, YANG S Y, et al. Ultrafast dynamics process of platinum nanoparticles under femtosecond laser[J]. Journal of nanoparticle research, 2018, 20(9): 242-247.

[114] LEHMANN J, MERSCHDORF M, PFEIFFER W, et al. Surface plasmon dynamics in silver nanoparticles studied by femtosecond time-resolved photoemission[J]. Physical review letters, 2000, 85(14): 2921-2924.

[115] SANCHEZ F, ABBAOUI K, CHERRUAULT Y. Beyond the thin-sheet approximation: adomian´s decomposition[J]. Optics communications, 2000, 173(1): 397-401.

[116] CHEN X, CHEN Y T, YAN M, et al. Nanosecond photothermal effects in plasmonic nanostructures[J]. ACS Nano, 2012, 6(3): 2550-2557.

[117] CASTAÑEDA M T, MERKOÇI A, PUMERA M, et al. Electrochemical genosensors for biomedical applications based on gold nanoparticles[J]. Biosensors & bioelectronics, 2007, 22(9): 1961-1967.

[118] MA L, CHEN Y L, SONG X P, et al. Structure-adjustable gold nanoingots with strong plasmon coupling and magnetic resonance for improved photocatalytic activity and SERS[J]. ACS Applied materials & inter-

faces, 2020, 12(34): 38554-38562.

[119] SATHIYAMOORTHY K, VIJAYAN C, KOTHIYAL M P. Low power optical limiting in ClAl-phthalocyanine due to self defocusing and self phase modulation effects[J]. Optical materials, 2008, 31(1): 79-86.

[120] ZHANG L M, DAI H W, WANG X, et al. Nonlinear optical properties of Au-Ag core-shell nanorods for all-optical switching[J]. Journal of physics D: applied physics, 2017, 50(35): 355302-355309.

[121] CIRET C, GORZA S P. Scattering of a cross-polarized linear wave by a soliton at an optical event horizon in a birefringent nanophotonic waveguide[J]. Optics letters, 2016, 41(12): 2887-2890.

[122] LAMA P, SUSLOV A, WALSER A D, et al. Plasmon assisted enhanced nonlinear refraction of monodispersed silver nanoparticles and their tunability[J]. Optics express, 2014, 22(11): 14014-14021.

[123] ZHANG Y X, WANG Y H. Nonlinear optical properties of metal nanoparticles: a review[J]. RSC Advances, 2017, 7(71): 45129-45144.

[124] FU X L, WU Z P, LEI M, et al. A facile route to silver-cadmium sulfide core-shell nanoparticles and their nonlinear optical properties[J]. Materials letters, 2013, 104(1): 76-79.

[125] LI R, DONG N G, CHENG C, et al. Giant enhancement of nonlinear optical response in Nd: YAG single crystals by embedded silver nanoparticles[J]. ACS Omega, 2017, 2(4): 1279-1286.

[126] GÓMEZ-MALAGÓN L A. High-order nonlinearities of gold nanoparticles: the influence of size, filling factor, and host[J]. Plasmonics, 2015, 10(6): 1433-1438.

[127] HE T H, WANG C S, PAN X, et al. Nonlinear optical response of Au and Ag nanoparticles doped polyvinylpyrrolidone thin films[J]. Physics letters A, 2009, 373(5): 592-595.

[128] GÓMEZ L A, DE ARAUJO C B, BRITO-SILVA A M, et al. Solvent effects on the linear and nonlinear optical response of silver nanoparticles[J]. Applied physics B, 2008, 92(1): 61-66.

[129] HAN Y P, SUN J L, YE H A, et al. Nonlinear refraction of silver

nanowires from nanosecond to femtosecond laser excitation[J]. Applied physics B, 2009, 94(2): 233-237.

[130] SUN S M, WANG W Z, ZHANG L, et al. Ag@ C core/shell nanocomposite as a highly efficient plasmonic photocatalyst[J]. Catalysis communications, 2009, 11(4): 290-293.

[131] GANEEV R A, BOLTAEV G S, TUGUSHEV R I, et al. Nonlinear optical absorption and refraction in Ru, Pd, and Au nanoparticle suspensions [J]. Applied physics B, 2010, 100(3): 571-576.

[132] FALCÃO-FILHO E L, DE ARAÚJO C B, RODRIGUES JR J J. High-order nonlinearities of aqueous colloids containing silver nanoparticles[J]. Journal of the optical society of America B, 2007, 24(12): 2948-2956.

[133] ALEALI H, MANSOUR N. Nanosecond high-order nonlinear optical effects in wide band gap silver sulfide nanoparticles colloids[J]. Optik: international journal for light and electron optics, 2016, 127(5): 2485-2489.

[134] BINDRA K S, KAR A K. Role of femtosecond pulses in distinguishing third- and fifth-order nonlinearity for semiconductor-doped glasses [J]. Applied physics letters, 2001, 79(23): 3761-3763.

[135] MOUSAVI Z, GHAFARY B, ARA M H M. Fifth- and third- order nonlinear optical responses of olive oil blended with natural turmeric dye using z-scan technique[J]. Journal of molecular liquids, 2019, 28(5): 444-450.

[136] SAAD N A, RAMYA E, SAIKIRAN V, et al. Novel synthesis and study of nonlinear absorption and surface-enhanced raman scattering of carbon nanotubes decorated with silver nanoparticles [J]. Chemical physics, 2020, 533: 110703-110708.

[137] ZHANG X O, WANG C S, LU G Y, et al. Third-order nonlinear optical properties of a series of polythiophenes [J], Chinese physics letters, 2010, 27(7): 074201-074204.

[138] HUA Y, CHANDRA K, DAM D H M, et al. Shape-dependent nonlinear optical properties of anisotropic gold nanoparticles[J]. Journal of physical

chemistry letters, 2015, 6(24): 4904-4908.

[139] GU B, CHEN J, FAN Y X, et al. Theory of gaussian beam z-scan with simultaneous third- and fifth-order nonlinear refraction based on a gaussian decomposition method[J]. Journal of the optical society of America B, 2006, 22(12): 2651-2659.

[140] CHEN S Q, LIU Z B, ZANG W P, et al. Study on Z-scan characteristics for a large nonlinear phase shift[J]. Journal of the optical society of America B, 2005, 22(9): 1911-1916.

[141] 王睿. 基于飞秒激光 Z-scan 技术的纳米复合材料非线性光学特性研究[D]. 长春: 吉林大学, 2012.

[142] FAN G H, QU S L, WANG Q, et al. Pd nanoparticles formation by femtosecond laser irradiation and the nonlinear optical properties at 532 nm using nanosecond laser pulses[J]. Journal of applied physics, 2011, 109(2): 023102-023109.

[143] HAMANAKA Y, HAYASHI N, NAKAMURA A, et al. Dispersion of third-order nonlinear optical susceptibility of silver nanocrystal-glass composites[J]. Journal of luminescence, 2000, 87: 859-861.

[144] LIN KOV P, SAMOKHVALOV P, VOKHMINTSEV K, et al. Optical properties of quantum dots with a core-multishell structure[J]. JETP Letters, 2019, 109(2): 112-115.

[145] HAYATI L, LANE C, BA RBIELLINI B, et al. Self-consistent scheme for optical response of large hybrid networks of semiconductor quantum dots and plasmonic metal nanoparticles[J]. Physical review B, 2016, 93(24): 245411-245416.

[146] GIESFELDT K S, CONNATSER R M, JESÚS M A D, et al. Studies of the optical properties of metal-pliable polymer composite materials[J]. Applied spectroscopy, 2003, 57(11): 1346-1352.

[147] HAMANAKA Y, NAKAMURA A, HAYASHI N, et al. Dispersion curves of complex third-order optical susceptibilities around the surface plasmon resonance in Ag nanocrystal-glass composites[J]. Journal of the optical society of America B, 2003, 20(6): 1227-1232.

［148］ YU B H, ZHANG D L, LI Y B, et al. Nonlinear optical behaviors in a silver nanoparticle array at different wavelengths［J］. Chinese physics B, 2013, 22(1): 287-291.

［149］ MAI H H, KAYDASHEV V E, TIKHOMIROV V K, et al. Nonlinear optical properties of Ag nanoclusters and nanoparticles dispersed in a glass host［J］. The journal of physical chemistry C, 2014, 118(29): 15995-16002.

［150］ CHEN C Y, WANG J, GAO Y C. Wavelength-dependent nonlinear absorption in palladium nanoparticles［J］. Applied sciences, 2021, 11(4): 1640-1647.

［151］ KHINEVICH N, ZAVATSKI S, KHOLYAVO V, et al. Bimetallic nanostructures on porous silicon with controllable surface plasmon resonance ［J］. European physical journal plus, 2019, 134(2): 75-82.

［152］ KIM S, SUH J, KIM T, et al. Plasmon-enhanced performance of CdS/CdTe solar cells using Au nanoparticles［J］. Optics express, 2019, 27 (15): 22017-22024.

［153］ BOLTAEV G S, GANEEV R A, KRISHNENDU P S, et al. Strong third-order optical nonlinearities of Ag nanoparticles synthesized by laser ablation of bulk silver in water and air［J］. Applied physics A, 2018, 124 (11): 766-780.

［154］ JAYABALAN J, SINGH A, CHARI R, et al. Ultrafast third-order nonlinearity of silver nanospheres and nanodiscs［J］. Nanotechnology, 2008, 18(31): 315704-315709.

［155］ DADHICH B K, BHATTACHARYA S, BALLAV S, et al. Femtosecond-laser-induced saturable absorption and optical limiting of hollow silver nanocubes: implications for optical switching and bioimaging［J］. ACS applied nano materials, 2020, 3(11): 11620-11629.

［156］ DITLBACHER H, LAMPRECHT B, LEITNER A, et al. Spectrally coded optical data storage by metal nanoparticles［J］. Optics letters, 2000, 25(8): 563-565.

［157］ GANEEV R A. Characterization of the optical nonlinearities of silver and gold nanoparticles[J]. Optics and spectroscopy, 2019, 127(3): 487-507.

[158] ZHANG K, HUANG Z L, DAI H W, et al. Surface plasmon enhanced third-order optical nonlinearity of silver nanocubes[J]. Optical materials express, 2015, 5(11): 2648-2654.

[159] CHEN S, NIU R P, WU W Z, et al. Wavelength-dependent nonlinear absorption and ultrafast dynamics process of Au triangular nanoprisms [J]. Optics express, 2019, 27(13): 18146-18156.

[160] INOUYE H, TANAKA K, TANAHASHI I.Ultrafast dynamics of nonequilibrium electron in gold nanoparticle system[J]. Physical review B, 1998, 57(18): 11334-11340.

[161] FATTI N D, VALLÉE F, FLYTZANIS C, et al. Electron dynamics and surface plasmon resonance nonlinearities in metal nanoparticles [J]. Chemical physics, 2000, 251(1): 215-226.

[162] ARBOUET A, VOISIN C, CHRISTOFILOS D, et al. Electron-phonon scattering in metal clusters[J]. Physical review letters, 2003, 90(17): 177401-177404.